바다해부도감

OCEAN
ANATOMY

바다해부도감

바다 위아래의 세상에 관한
거의 모든 지식

줄리아 로스먼 글·그림 | 이경아 옮김 | 김웅서 감수

더숲

머리말

내가 나고 자란 시티아일랜드의 거리 한쪽 끝은 해변으로 통해 있었다. 어린 시절 나는 바닷물이 빠지는 썰물 때가 되면 해변을 거닐며 파도에 쓸려온 집게와 불가사리 따위를 찾느라 두리번거렸다. 바닷물이 들어오는 밀물 때가 되면 우리는 수영을 즐겼다. 파도타기를 하려고 롱아일랜드의 존스 비치로 향하기도 했다. 집채만 한 파도가 다가올 때마다 여동생과 나에게는 세 가지 선택권이 주어졌다. 파도를 뛰어넘든지, 파도 속으로 몸을 밀어 넣든지, 파도를 타고 해변까지 가는 것이었다. 바닷물이 콧속으로 밀려 들어오던 순간의 짜릿함은 지금도 잊을 수 없다.

우리 가족은 바닷가에서의 삶을 줄곧 소중히 여기며 살아왔다. 부모님은 여전히 옛집에 살고 계신다. 여름날 저녁이면 어김없이 두 분은 해변으로 내려가 해넘이를 보려는 인파에 섞여 파도와 지는 해를 바라보며 이웃들과 이야기꽃을 피운다.

《자연해부도감》에서 《농장해부도감》《음식해부도감》으로 이어진 〈해부도감〉 시리즈를 작업하면서 나는 예전보다 깊이 있게 세상을 탐구할 수 있었다. 하지만 한 권에 1년 이상 소요되었기 때문에 그사이 다른 책을 작업한다는 것은 상상도 할 수 없었다. 그러던 차에 독자들이 나의 마음을 움직이기 시작했다. 〈해부도감〉 시리즈를 매우 재미있게 읽었노라고 세계 각지에서 독자들이 이메일을 보내온 것이다.

인스타그램의 게시물에는 〈해부도감〉 시리즈를 통해 배움을 얻고 책에 나온 그림을 똑같이 따라 그리며 자연 산책을 즐기는 아이들의 모습이 올라왔다.

클로이가 그린 그림

아이들은 손편지도 보내왔다. 그 중 몇몇 친구들은 오색찬란한 무지갯빛으로 그린 채소나 꽃 그림을 보내왔다. 아이들은 자신이 〈해부도감〉 시리즈 중 어떤 책을 가장 좋아하는지, 자연이나 즐겨 찾는 음식, 동물과 관련해 어떤 부분을 재미있게 읽었는지 알려주었다. 아이들이 보내온 편지는 하나같이 소중하다. 메인주에 사는 열두 살 소녀 리디아는 다음과 같은 편지를 보내왔다.

"전 어릴 적부터 해양 생물학자를 꿈꾸었어요. 바닷가에 살아서 그런 생각을 하게 된 것 같아요. 작가님이 쓰신 책은 무엇이든 좋지만 '바다해부도감'이란 제목의 책이 나온다면 얼마나 좋을까 하는 생각을 해봤어요. 바다를 소재로 한 해부도감을 쓰실 계획은 없는지 궁금해요."

나는 어린 시절 해변에서의 기억을 더듬어보았다. 처음으로 스노클링을 하러 갔던 날 눈부시게 화려한 빛깔의 물고기를 본 기억이 떠올랐다.

또 한편으론 기후 변화가 이토록 아름다운 바다에 미치는 영향, 특히 굶주린 북극곰의 모습에 이런저런 생각이 들었다. 무엇보다도 해양 생물학자가 되고 싶다던 리디아처럼 내게 손편지를 보내온 아이들을 생각하며 다시 한번 펜을 들기로 했다.

여기까지가 이번 책의 출간 배경이다.

나는 《자연해부도감》을 함께 작업한 존경하는 존 니크라즈에게 다시 한번 도움을 청했다. 그는 바다와 해변에서 살아가는 동식물에 대해 광범위한 조사를 해주었다. 우리는 최대한 많은

종류의 동식물을 책에 싣고자 노력했다. 그 과정에서 이제껏 한 번도 들어본 적이 없는 갯민숭달팽이, 거미게, 나뭇잎 해룡처럼 상상을 뛰어넘는 동물이 그렇게나 많다는 사실을 알게 되었다. 어디 그뿐인가. 태평양의 거대 쓰레기섬이 점점 커지고 바다거북이가 비닐봉지를 해파리로 착각해 먹는 상황에까지 이르면서 이토록 아름다운 바다에 앞으로 무슨 일이 벌어질지 염려하느라 밤잠을 설친 적도 있다.

모쪼록 이 책을 통해 여러분이 지금까지 존재 사실조차 몰랐던 놀라운 해양 생물에 눈을 뜨는 계기가 마련되었으면 한다. 아울러 이토록 매력적인 식물과 생명체를 보존해야 할 필요성을 일깨우는 데도 도움이 되었으면 좋겠다. 마지막으로 더 많은 아이들이 경이로운 바다를 어떻게 보호하고 지켜야 할지 관심을 가져줬으면 하는 바람이다.

Julia Rothman
줄리아 로스먼

Dear Julia Rothman,

I have written to express my love
book, *Nature Anatomy: The Curious Parts a*
the Natural World. First of all, I love, y
and how detailed and beautiful they l
perfectly capture how wondrous natu
They are colorful and compliment each
Your book has inspired me. when I
it, it was in my school library, and
else was holding it. They said, "C
it?" and I accepted. I immediately
transported me
in
alu
the
exp
P.
s. I love how you explai

Dear, Julia Rothma

I love your book Food

I love how you explai

how chocolate are

how to eat with

and how to use

my favorite cha

Street food and

I also love the p

8

코일에게서 받은 편지

클로이가 그린 그림

몰리에게서 받은 편지

리디아에게서 받은 편지

r
s of
tings

be.
ell.
aw

e

ant

tomy!

ut

d

ould really enjoy a book called
cean Anatomy". I was wondering
you ever decided to make
nother book if you would
onsider this topic.

9

차례

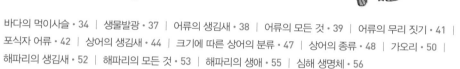

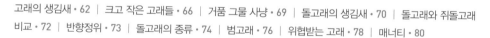

CHAPTER 5
바닷속 세상을 향하여!

CHAPTER 6
산호초의 세계

CHAPTER 7
겨울왕국

CHAPTER 8
더 넓은 바다를 향해

시티아일랜드에서 어린 시절을 함께한 나의 친구들에게.
그중에서도 매너티와 친구가 된
시비, 라우르, 나이너에게 이 책을 바칩니다.

매너티

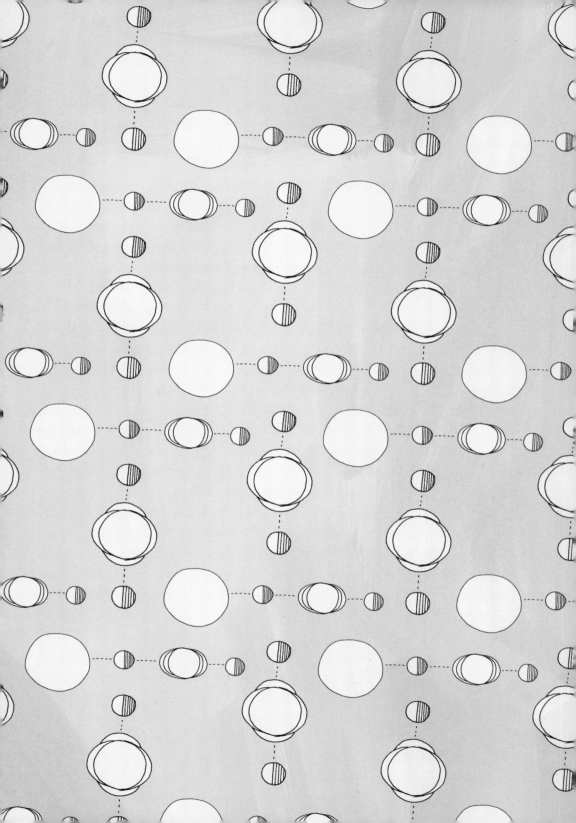

CHAPTER 1

바닷물

바다, 지구만의 고유한 모습

바다는 지구를 규정하는 특징이다. 지구는 우주에서 액체 상태의 물이 안정적으로 존재한다고
알려진 유일한 행성이다. 물은 생명체가 살아가는 데 없어서는 안 될 필수 요건이며
모든 생명은 35억 년 전쯤 바다에서 시작되었다.

물은 어디서 생겨났을까

지구 표면의 71%가 물로 덮여 있음에도 과학자들은 물의 기원에 대해서 확실히 밝혀낸 바가 없다!
물은 수십억 년 전 소행성이나 혜성을 통해 지구로 왔을 가능성이 있다. 그런 소행성이나 혜성에는
간혹 얼음이 섞여 있었을지도 모른다. 바다의 형성에 이바지했을 가능성이 큰 맨틀 내부의 암석에도
물은 존재한다.

바닷물은 왜 파랗게 보일까

바다 표면에는 하늘빛이 그대로 비친다. 구름이 많이 낀 흐린 날이면 바다는 회색으로 보인다.
햇빛이 바닷물에 반짝일 때 물 분자는 스펙트럼의 붉은 부분에 있는 빛을 가장 먼저 흡수한다.
이 때문에 빨강, 주황, 노랑의 파장색은 눈에 보이지 않는다. 물 분자는 필터처럼 작용해 스펙트럼의
푸른 부분에 있는 색만을 남겨 둔다.

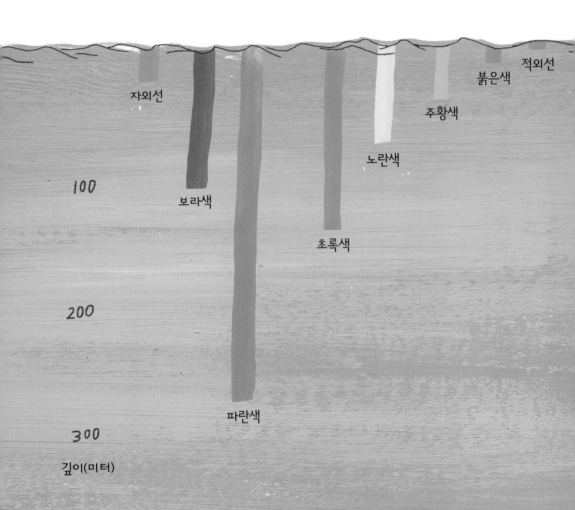

세계의 바다

지구의 5대 바다는 하나의 거대한 대양처럼 연결되어 있으며 바닷물은 서로 교류한다.

대서양(ATLANTIC OCEAN)

• 지구 표면의 **20%**를 차지한다.
• 지각판이 대서양 중앙해령으로부터 바깥쪽으로 뻗어 나감에 따라 서서히 넓어지고 있다.
• 평균 깊이가 약 **3,646**미터에 이른다.
• 지중해를 포함한다.

태평양(PACIFIC OCEAN)

• 지구 표면의 **3분의 1**을 차지한다.
• 지각판(tectonic plate)이 이동함에 따라 서서히 줄어들고 있다.
• 평균 깊이가 약 **3,970**미터에 이른다.
• 지구에서 가장 깊은 심해 : 챌린저해연(1만 **1,034**미터)*

남대양
(남극해, SOUTHERN OCEAN)

* 마리아나 해구 가운데 비티아즈해연 다음으로 깊은 지점

북극해
(ARCTIC OCEAN)

- 지구 표면의 26%를 차지한다.
- 가장 작고 얕은 바다
- 평균 깊이가 약 1,205미터에 이른다.

태평양
(PACIFIC OCEAN)

인도양(INDIAN OCEAN)

- 지구 표면의 14%를 차지한다.
- 평균 깊이가 약 3,741미터에 이른다.
- 페르시아만과 홍해를 포함한다.

- 지구 표면의 4%를 차지한다.
- 2000년도까지 남극해(Antarctic Ocean)라고 했다.

- 평균 깊이가 약 3,270미터에 이른다.
- 계절에 따라 바다 표면은 얼음에
  덮이기도 하고, 녹기도 한다.

바닷물은 왜 짤까

바다의 소금기는 육지에서 온 것이다. 아주 오랜 세월에 걸쳐 빗물이 암석을 깎아내리면서 암석에 들어 있던 광물질을 녹였다. 이런 광물질은 강물에 실려 와서 바다에 쌓였다. 소듐(나트륨) 이온과 염소 이온은 바닷물에 가장 많이 들어 있는 짠맛을 내는 물질이다.

평균적인 바다의 염분은 3.5%다.

지구상에 존재하는 물의 97%는 바닷물이다.
수천 년 동안 인간은 바닷물을 증발시켜
소금을 채취해 왔다.

염전*

---
* 바닷물이 증발하면서 침전된 염분으로 뒤덮인 평지

소리의 속도

소리는 바닷물을 통과하는 데 있어 놀라운 효율성을 보인다. 이러한 사실은 일부 고래 종이 수천 킬로미터 떨어진 곳에서 서로 신호를 보내는 방식을 이해하는 데 도움이 된다.

소리는 공기를 통과할 때보다 4배 빠른 속도로 물을 통과한다. 물이 공기보다 밀도가 높아서 소리는 빽빽한 물 분자 사이를 눈 깜짝할 사이에 지나간다. 섭씨 21도에 가까운 바닷물은 제트기보다 훨씬 빠른 초당 1.6킬로미터 정도의 속도로 소리를 전달한다.

판게아의 분리

2억 9천만 년 전

지구상에 존재하는 대륙은 대부분
판게아(Pangaea)로 불리는 하나의 초대륙으로
붙어 있었다. 판탈라사(Panthalassa)로 불리는
거대한 바다가 그런 판게아를 에워싸고
있었으며, 동쪽으로는 거대한 고(古)테티스
대양(Paleo–Thethys sea)이 자리 잡고 있었다.

2억 년 전

지구의 지각판이 서서히 움직임에 따라
판게아는 갈라지기 시작했다.

1억 8천만 년 전

오늘날 지구상에 존재하는 바다 가운데
중앙 대서양과 남서 인도양이 최초로
생겨났다.

1억 4천만 년 전

아프리카 대륙으로부터 남아메리카가
분리되면서 남대서양이 생겨났고,
남극 대륙으로부터 인도가 떨어져
나오면서 중앙 인도양이 생겨났다.

8천만 년 전

북아메리카가 유럽에서 분리되면서
북대서양이 생겨났다. 이로써 지구는
오늘날과 같은 대륙과 바다의 형태를
갖추게 되었다.

무역풍

적도 부근에서는 동풍이 1년 내내
끊임없이 불어온다. 오래전 유럽과
아프리카의 뱃사람들은 이런 무역풍과
그 결과물인 해류를 이용해 아메리카
대륙에 이르렀고 식민지와 무역 항로를
개척할 수 있었다.

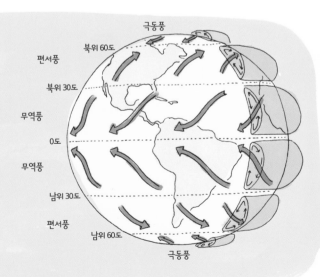

극동풍
북위 60도
편서풍
북위 30도
무역풍
0도
무역풍
남위 30도
편서풍
남위 60도
극동풍

대양저의 모습

측심학은 강, 시내, 호수뿐만 아니라 대양저의 수심 깊이와 특징을 연구한다.

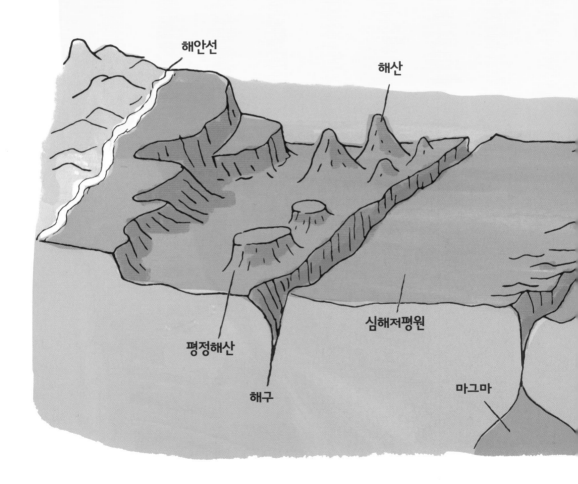

해안선

해산

평정해산

해구

심해저평원

마그마

해산(海山)은 해수면 위로 튀어나오지 않고 대양저에서 솟아오른 화산이다.
이런 해산은 홀로 서 있기도 하고 여러 개가 줄지어 있을 수도 있다.
침식된 해산은 평정해산이라 불린다.

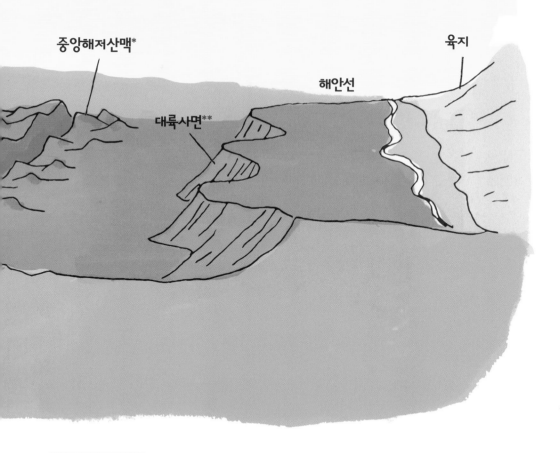

중앙해저산맥*

육지

해안선

대륙사면**

---

* 깊은 바다에서 길고 좁은 산맥 모양으로 솟아오른 부분
** 대륙과 대양의 경계부에 있는 해저의 급사면

조석

달과 태양의 중력은 엄청난 양의 바닷물을 끌어당긴다. 바닷물은 달을 향해 가득 차오른다.
지구의 자전과 공전에 따라 해안선에서는 하루에 두 번씩 밀물과 썰물이 들어오고 나간다.
밀물과 썰물의 차는 태양과 달의 위치에 따라 달리 나타난다. 조차가 가장 큰 사리(대조)는
초승달이나 보름달이 뜨고 난 직후에 지구가 이들 천체와 일직선으로 나란히 놓일 때 발생한다.
조차가 가장 작은 조금(소조)은 사리가 발생하고 나서 7일 뒤에 온다. 이때는 태양과 달이
지구를 중심으로 직각을 이루기 때문에 중력이 분산된다.

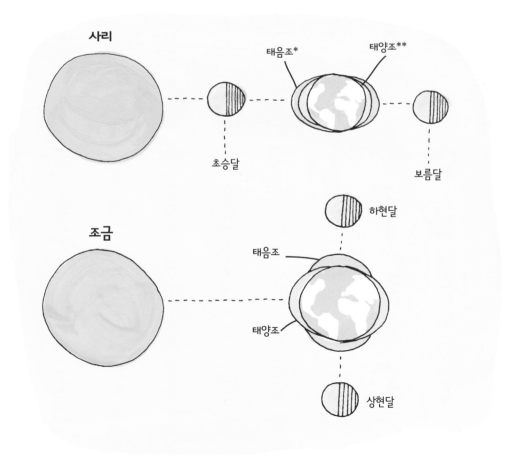

사리

태음조* 태양조**

초승달

보름달

조금

하현달

태음조

태양조

상현달

* 달과 지구의 상호작용 때문에 생기는 조석
** 태양과 지구의 상호작용 때문에 생기는 조석

일부 지역에서는 조수간만의 차가 92센티미터에 이른다. 캐나다의 펀디만(Bay of Fundy)은 조수간만의 차가 무려 15미터에 이르기도 한다!

조석 작용이 없었더라면 우리가 알고 있는 생명체는 존재하지 않았을지도 모른다. 조수가 일으킨 소용돌이는 바다의 영양물질이 끊임없이 순환할 수 있게 해준다.

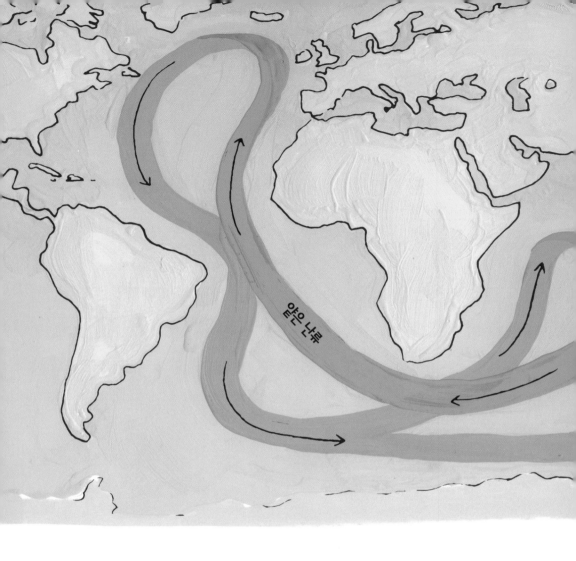

따뜻한 해류

해류

조석 현상은 해류가 생기는 세 가지 요인 가운데 하나다. 밀물이 만들어 낸 해류는 창조류라 불린다. 바닷물이 빠지는 썰물은 낙조류를 만들어 낸다. 조류는 해변 가까운 곳에서만 강하다.

바람은 해수면 조류를 일으키기도 한다. 계절이나 위치에 따라 바람은 90미터가량 깊이의 강한 조류를 일으킬 수도 있다.

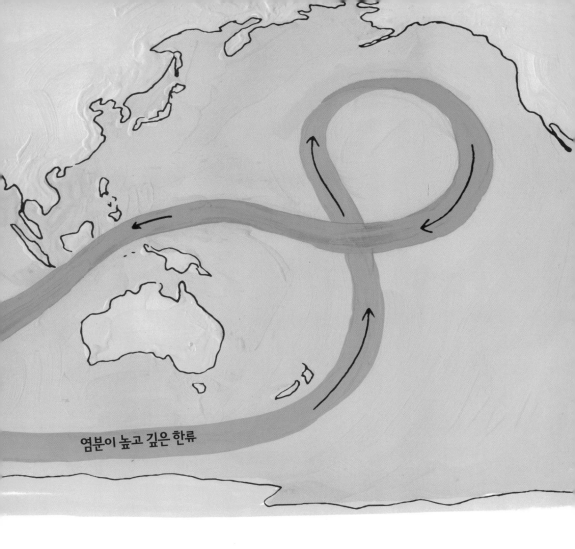

염분이 높고 깊은 한류

온도와 염분 차이에 따른 바닷물의 흐름인 **열염순환**은 깊은 해류를 일으키는 주된 요인이다.
극지방 부근의 바닷물에서 얼음이 형성되면 주변의 차가운 바닷물은 염분과 밀도가 좀 더 높아진다.
염분과 밀도가 높은 차가운 바닷물이 바닥으로 가라앉으면서 상대적으로 따뜻한 표층수는 제자리를
찾아 흐르게 된다. 이처럼 밀도에 의해 생긴 바닷물 순환은 바다에서 깊은 해류를 형성한다.

해류는 육지의 기후에 상당한 영향을 줄 수 있다. 페루는 적도에서 남쪽으로 불과 12도 위치에
있지만 차가운 훔볼트 해류(Humbolt Current) 때문에 서늘한 기후를 보인다. 반면에 노르웨이는
멕시코 만류의 영향으로 동일한 위도의 다른 지역보다 훨씬 따뜻한 기후를 유지한다.

파도

···········

먼바다의 폭풍에서 너울이 발생하면 파도는 떼를 지어 몰려드는 경향이 있다. 간혹 7개의 파도가
한 무리를 이룬다고도 알려져 있지만, 대개는 12~16개의 파도가 한 무리를 이루며
가장 큰 파도는 무리의 한가운데에 위치한다.

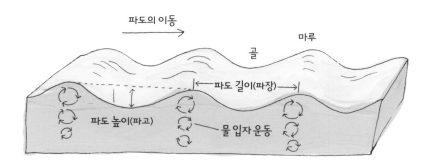

거대파   아주 드문 일이지만, 바람과 조류 조건이 적당히 맞으면 여러 개의 파도가 돌연 하나로
합쳐져 주변 파도 높이의 2배 이상이 된다. 기겁할 정도로 거대한 파도는 선박과
해안선에 파괴적인 영향을 줄 수 있다.

바다의 깊이에 따른 구역

1. 밝은 햇빛 – 표층

햇빛은 풍요로운 생명체가 살 수 있게 하고 다양한 온도를 연출한다.

2. 희미한 빛 – 중층

햇빛이 매우 희미하다. 스스로 빛을 내는 수많은 생물발광체를 비롯하여 특이한 물고기와 바다 생명체가 이곳에서 살아간다.

3. 캄캄한 암흑세계 – 점심층

압도적인 수압에도 몇몇 고래 종은 이런 깊이까지 내려가 먹이를 잡아먹는다고 알려져 있다.

4. 한없이 깊은 심연 – 심층

수온이 매우 낮지만, 오징어와 불가사리는 이곳에서도 살아갈 수 있다.

5. 해구 – 초심층

1제곱인치당(6.45cm²) 8톤에 이르는 수압 때문에 생명체는 거의 찾아보기 힘들지만, 관벌레와 그 밖의 무척추동물은 여전히 존재한다.

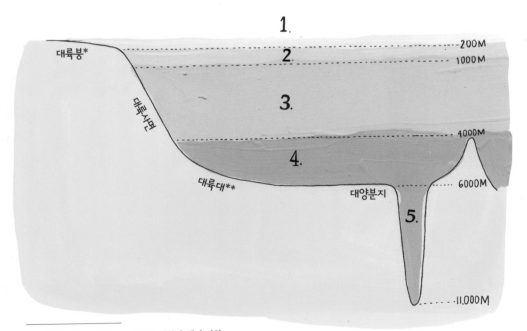

---

* 해변으로부터 깊이 200m까지의 완만한 해저 지형
** 해저의 대륙사면이 끝나는 곳. 대륙사면의 기슭에 해당하는 곳으로 지형의 기복이 심하지 않다.

CHAPTER 2

다양한 바다 어류

바다의 먹이사슬

1차 생산자

식물플랑크톤은 햇빛을 이용한 광합성 작용을 통해 스스로 영양물질을 만들어 낸다. 이처럼 단세포 미세조류는 바닷물에 떠다니며 먹이 그물을 통해 자신보다 큰 소비자에게 태양 에너지를 넘겨준다.

1차 소비자

동물플랑크톤은 식물플랑크톤을 먹는 작은 해양 동물이다. 동물플랑크톤은 수천 종이 존재하며 대부분 해수면 근처에서 살아간다.

어린 백상아리

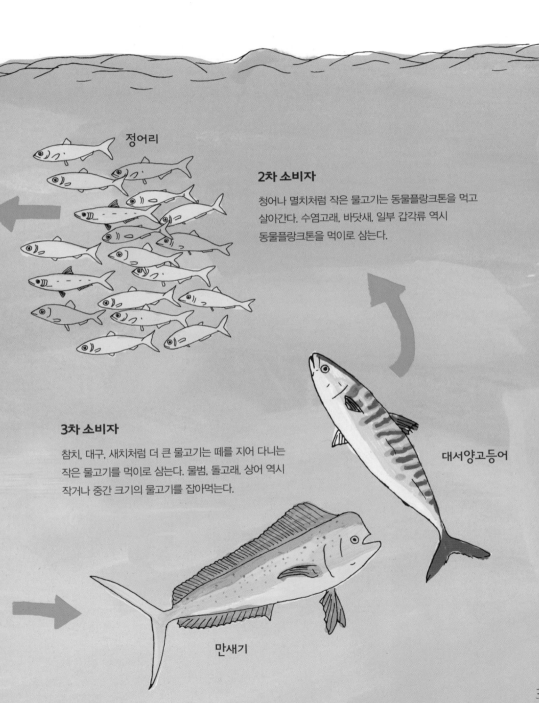

정어리

2차 소비자

청어나 멸치처럼 작은 물고기는 동물플랑크톤을 먹고
살아간다. 수염고래, 바닷새, 일부 갑각류 역시
동물플랑크톤을 먹이로 삼는다.

3차 소비자

참치, 대구, 새치처럼 더 큰 물고기는 떼를 지어 다니는
작은 물고기를 먹이로 삼는다. 물범, 돌고래, 상어 역시
작거나 중간 크기의 물고기를 잡아먹는다.

대서양고등어

만새기

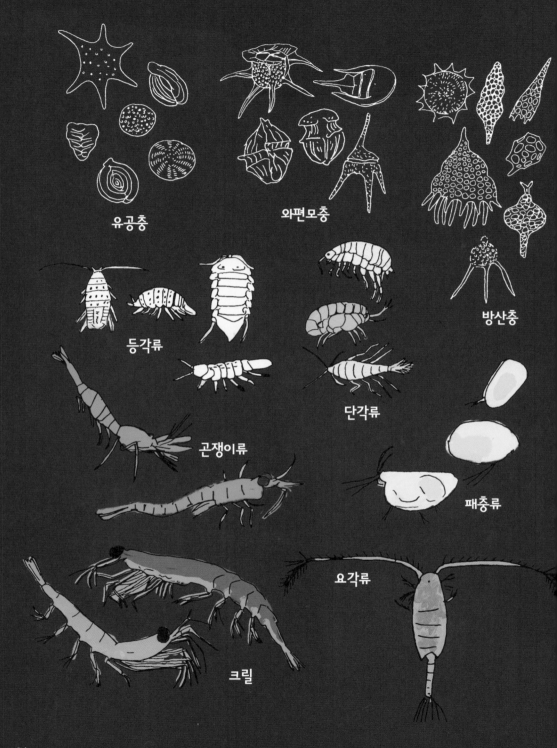

유공충

와편모충

방산충

등각류

단각류

곤쟁이류

패충류

요각류

크릴

생물발광

수십 종의 바다 생물은 어둠 속에서도 밝게 빛난다. 이처럼 생물이 스스로 빛을 내는 것을 생물발광이라고 한다. 일부 지역의 경우, 부서지는 파도는 야광충이라 불리는 수백만 개의 작은 와편모충류 때문에 푸른빛을 띤다.

반딧불오징어

흡혈오징어

바다 생물의 발광은 포식자로부터 자신을 지키거나 짝짓기할 상대의 관심을 끌고 먹잇감을 유인하는 수단으로도 이용될 수 있다.

아귀

70종이 넘는 오징어는 포식자의 위협을 받게 되면 스스로 빛을 내거나 빛을 내는 먹물을 대량으로 뿜어낸다.

이들 아귀가 만들어 내는 발광색소를 루시페린(luciferin)이라고 한다.

어류의 생김새

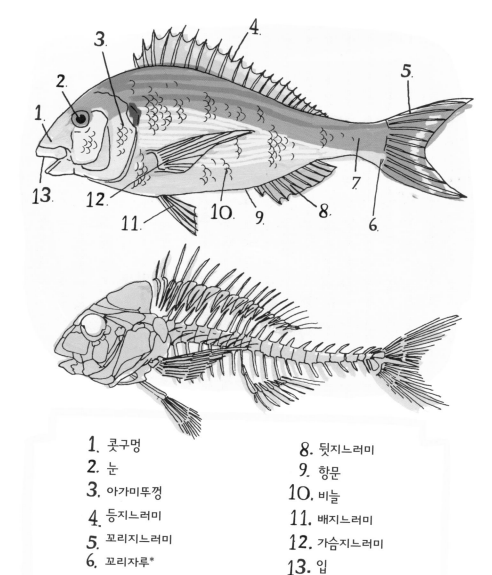

1. 콧구멍
2. 눈
3. 아가미뚜껑
4. 등지느러미
5. 꼬리지느러미
6. 꼬리자루*
7. 옆줄(측선)

8. 뒷지느러미
9. 항문
10. 비늘
11. 배지느러미
12. 가슴지느러미
13. 입

---

* 등지느러미와 뒷지느러미의 뒷부분에서 꼬리지느러미가 시작되는 부분

어류의 모든 것

물속에 사는 어류는 지느러미가 있으며 아가미를
이용해 숨을 쉰다. 어류는 대부분 비늘과 뼈대 혹은
연골을 갖고 있고 알을 낳는다.

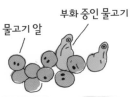

부화 중인 물고기

물고기 알

황다랑어

병어

어류는 척추동물의 절반 이상을 차지한다. 3만 종이 넘는 어류는 척추동물 가운데 가장 다양한 집단을
형성한다. 어류는 수생환경에서는 어디서든 살아갈 수 있지만, 그중에서도 바다는 수많은 어류가 살아가는
보금자리 역할을 한다.

대개 어류는 주변 환경에 따라 체온이 바뀌는 냉혈동물에 속한다. 참치, 붉평치, 일부 상어 종처럼 몸집이 큰
소수의 어류만이 따뜻하고 좀 더 안정적인 체온을 유지한다.

어류는 산소가 들어 있는 물을 입으로 빨아들여
아가미로 보낸다. 아가미에는 산소와 이산화탄소를
효율적으로 주고받는 혈관 망이 갖춰져 있다.
물에 녹은 이산화탄소가 몸 밖으로 배출되는 동안
산소는 모세혈관벽을 통과해 혈액으로 들어간다.

아가미 활*

---

* 　어류나 양서류의 아가미를 지탱하고 보호하는 활 모양의 둥근 뼈

어류의 몸체 양옆으로는 고도로 발달한 감각기관이 분포한다. 이런 측선은 물속에서 움직임과 압력 변화를 감지해 헤엄을 치거나 먹이에 접근하는 데 도움을 준다.

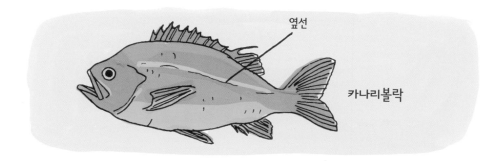

옆선

카나리볼락

어류는 육식, 초식, 잡식 모두 가능하며 일부 종은 발달 상태에 따라 특정 시점에서 다양한 먹이를 먹는다. 플랑크톤, 산호, 조류, 갑각류, 벌레, 두족류*, 연체동물, 그 밖의 어류가 가장 흔한 먹이다.

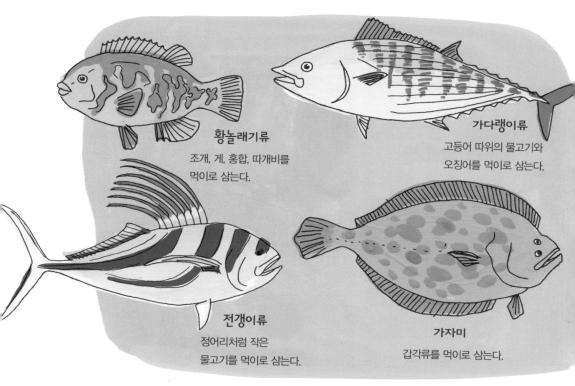

황놀래기류

조개, 게, 홍합, 따개비를 먹이로 삼는다.

가다랭이류

고등어 따위의 물고기와 오징어를 먹이로 삼는다.

전갱이류

정어리처럼 작은 물고기를 먹이로 삼는다.

가자미

갑각류를 먹이로 삼는다.

---

*　연체동물 중에서 가장 진화된 형태. 앵무조개, 오징어, 낙지 등이 이에 속한다.

어류의 무리 짓기

수많은 종의 어류는 무리를 지어 살아간다. 무리를 짓는 물고기들은 자신이 무리에서 어떤 위치에 있는지를 잘 알고 있으며 포식자와 먹잇감, 조류에 대응해 무리 속에서 움직임을 똑같이 맞춰 나간다.

안대나비고기

무리를 지어 함께 헤엄치는 능력은
배운 것이 아니라 유전적으로 타고난 것이다.
옆줄은 밀집대형을 이루며 이동하는 데
도움을 준다.

반면 느슨한 상태로 무리를 이루며 움직임을
똑같이 맞춰 나가지 않는 어류 종도 있다.

금강바리

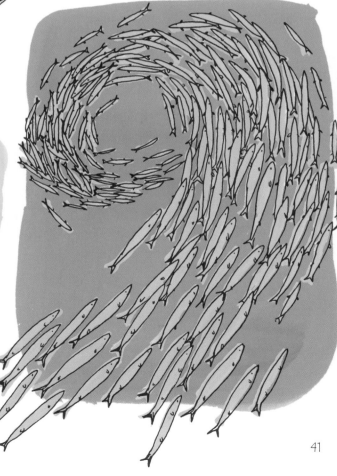

청어는 수백만 마리가 1.6킬로미터가 넘게
길게 무리를 지어 이동한다고 알려져 있다.

포식자 어류

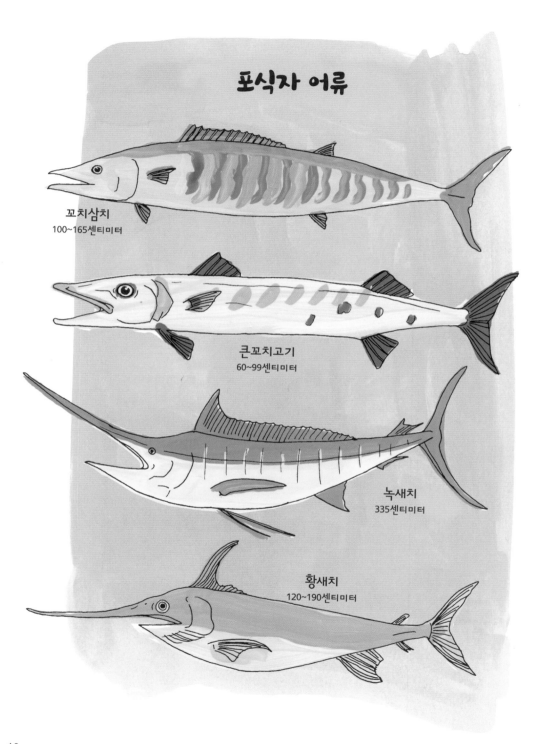

꼬치삼치
100~165센티미터

큰꼬치고기
60~99센티미터

녹새치
335센티미터

황새치
120~190센티미터

돛새치
173~335센티미터

무명갈전갱이
89센티미터

쿠바돔(Cubera Snapper)
99센티미터

상어의 생김새

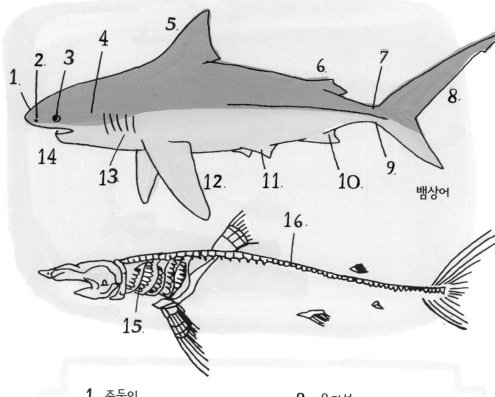

뱀상어

1. 주둥이
2. 콧구멍
3. 눈
4. 분수공*
5. 제1등지느러미
6. 제2등지느러미
7. 미기각**
8. 꼬리지느러미

9. 융기선
10. 뒷지느러미
11. 배지느러미
12. 가슴지느러미
13. 아가미구멍
14. 입
15. 아가미 활
16. 등뼈

---

* 공기나 물이 드나드는 작은 구멍
** 꼬리자루와 꼬리지느러미 사이에 패인 곳

물살을 가르는 단 하나의 지느러미만으로도
상어 공포증을 겪는 사람들에게는 극심한
공포심을 유발할 수 있다.

상어는 인간을 보면 입맛을 다시는, 빈틈없고 복수심이 강한 사냥꾼이라는 무시무시한 이미지를 갖고 있다.
하지만 위험도로 치자면 번개나 잔디 깎는 기계에 크게 밀리는 수준이다. 500종이 넘는 상어 가운데 인간을
위협하는 것은 10여 종이 채 안 된다. 해마다 전 세계적으로 상어가 인간을 공격한 사례는 90건을 넘지
않으며 더구나 목숨을 앗아가는 치명적인 공격을 한 경우는 몇 건도 안 된다. 그에 비해 해마다 1억 마리
이상의 상어가 인간의 손에 죽임을 당한다.

가장 오래된 상어의 동족은 약 5억 년 전 처음으로 지구상에 출현했다. 이는 육지에 척추동물이 등장하기
훨씬 오래전의 일이다. 오늘날 우리가 상어라고 부르는 녀석들은 1억 년쯤 나타났다. 참고로 현생 인류가
모습을 나타낸 것은 약 20만 년 전에 불과하다.

입을 벌린
돌묵상어

입을 벌린
백상아리

돌묵상어는 플랑크톤을 먹는
3종의 상어 가운데 하나다.

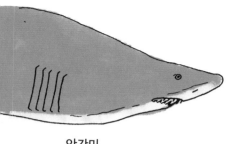

아가미

순막

반투명한 예비의 눈꺼풀인 순막은 상어가
먹이를 잡기 위해 물속으로 들어갈 때
눈을 보호해 주는 역할을 한다.

상어의 머리 양옆에는 5~7개의 아가미구멍이 있다.
녀석들은 뼈보다 가볍고 유연한 연골로 이루어진
골격을 갖고 있다. 어류처럼 부레는 없지만 기름이
많이 들어 있는 큰 간을 갖고 있어 몸이 물에 뜨는
데 도움을 준다. 상어는 갈비뼈가 없어서 육지에
올라오면 자기 몸무게를 이기지 못해 주저앉을 수
있다.

상어의 입속을 들여다볼 만큼 용감한 사람이라면
여러 줄로 난 이빨을 보게 될 것이다. 상어의 이빨은
컨베이어 벨트처럼 서서히 바깥쪽으로 이동하면서
자동으로 교체된다. 언제든 편리하게 쓸 수 있는
것은 바깥에 있는 두 줄의 이빨뿐이다.

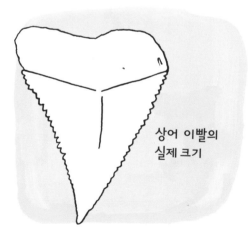

상어 이빨의
실제 크기

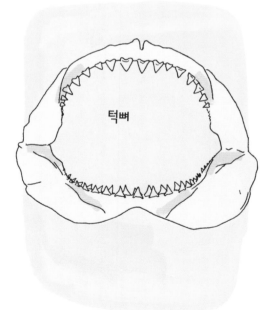

턱뼈

상어는 평생에 걸쳐 2만 개 이상의
이빨이 자랐다가 빠진다.
화석이 된 상어 이빨이 다른 생명체의
화석에 비해 흔히 발견되는 것도 이 때문이다.

상어는 비늘이 머리를 기준으로 꼬리 방향으로 나 있다. 따라서 꼬리에서 머리 방향으로 문지르면 상어 피부는 거친 사포처럼 느껴진다. 이러한 비늘의 방향은 물속에서 앞으로 헤엄쳐 나갈 때 굉장히 매끄러워 유체역학적으로 효율적이다. 상어 피부는 작은 이빨처럼 생긴 방패비늘 혹은 피부 돌기로 이루어져 있다. 비늘은 치아를 보호하는 법랑질처럼 단단하고 유선형으로 매끄럽다. 덕분에 비늘 주위에는 저항력과 난류를 억제하는 작은 소용돌이가 형성된다.

상어에게는 뛰어난 사냥 비법이 있다. 머리에 있는 전기수용성 구멍은 먹잇감의 전자기장을 감지하도록 돕는다. 이런 구멍을 로렌치니 기관(ampullae of Lorenzini)이라고 부른다. 이 감각기관은 움직이지 않는 물고기의 심장 박동까지도 감지할 수 있다.

상어 피부

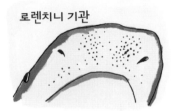

로렌치니 기관

크기에 따른 상어의 분류

고래상어 14미터

돌묵상어 10미터

백상아리 7미터

넓은주둥이상어 5미터

대서양수염상어 4미터

청상아리 2.4미터

상어의 종류

표범상어 몸길이가 3미터에 이르는 근육질의 상어로 아열대 바다에 서식한다.
사회성이 높아 흔히 무리를 지어 살아가고 사냥도 함께 한다.

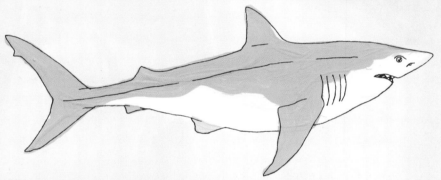

백상아리 몸길이가 약 6미터, 몸무게가 1.6톤에 이르는 큰 상어로
바다사자, 물범, 작은 고래를 먹이로 살아간다.

**망치상어
(귀상어)** 날개처럼 생긴 독특한 머리 모양은 상어의 가시 범위를 넓히고
전기수용 감지기를 넓게 확대하며 먹이를 꼼짝 못하도록
밀어붙이는 데 유용하다.

레몬상어 수심이 얕고 따뜻한 홍수림이 주요 서식지며 물고기, 게, 가오리,
바닷새를 먹이로 살아간다.

청상아리 시속 64킬로미터 이상의 속도를 자랑할 만큼 가장 빠른 상어로 꼽힌다.
물 위로 6미터 이상 뛰어오를 수도 있다.

수염상어 바다 밑바닥에 머무르며 주로 밤에 연체동물이나 작은 물고기,
갑각류 따위를 잡아먹는 야행성 상어다. 녀석의 입은 바닥의
퇴적물 속에서 먹이를 끄집어내는 데 유리하도록 생겼다.

가오리

몸체가 평평하고 상어의 친척뻘 되는 가오리의 뼈는
연골로 이루어져 있다. 가오리는 배 쪽에 아가미가 있고
가슴지느러미가 거대한 추진체 역할을 한다.

대왕쥐가오리

대왕쥐가오리의 지느러미는
펼치면 폭이 6미터가 넘는다.
녀석들은 넓은 바다에서 살아가며
바닷물에서 플랑크톤을 걸러내
먹이로 삼는다.

분수공

가오리는 입으로 숨을 쉬는 대신에 모래가 많은
해저에 몸을 묻은 다음, 눈 뒤에 있는 분수공이라
불리는 구멍을 통해 아가미로 물을 끌어들인다.

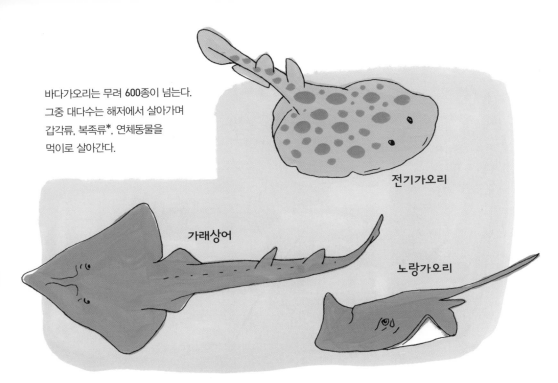

바다가오리는 무려 600종이 넘는다.
그중 대다수는 해저에서 살아가며
갑각류, 복족류*, 연체동물을
먹이로 살아간다.

전기가오리

가래상어

노랑가오리

노랑가오리는 공격적인 성향을 띠지 않지만, 꼬리에 맹독성 가시가 있어서 위협을 느낄 때 방어 수단으로
이용한다. 노랑가오리가 서식한다고 알려진 물속을 내딛는 경우에는 발을 크게 떼지 말고 바닥을 따라
질질 끌며 걷는 것이 안전하다.

꽁지가오리

얼룩매가오리

소코가오리

* 복부에 다리가 붙은 형태의 연체동물. 고둥, 소라, 전복 따위가 여기에 속한다.

해파리의 생김새

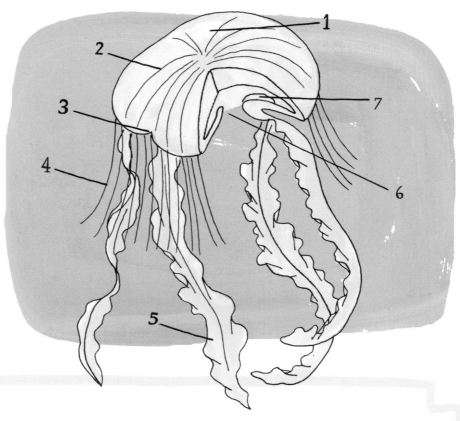

1. **갓**   – 우산 모양의 몸체를 가리키며, 쪼그라들었다가 아래쪽 구멍으로 물을 배출시켜
   해파리가 앞으로 나아갈 수 있게 해준다.

2. **관**   – 갓을 따라 형성된 여러 가닥의 관은 이른바 세포외소화를 통해 몸 전체로 영양분을
   나눠주는 역할을 한다.

3. **안점** – 갓 가장자리의 빛에 민감한 부분

4. **촉수** – 촉각기관

5. **구완** – 먹잇감에 독을 주입한다.

6. **입**   – 이곳을 통해 먹잇감이 위 속으로 들어간다.

7. **생식샘** – 정자와 난자 모두 혹은 둘 중 하나를 생산하는 생식기관

해파리의 모든 것

해파리(jellyfish)는 영어 이름과는 달리 어류가 아니다. 사실 해파리는 자포동물로 불리는 동물군의 성체에 해당하며 어류보다는 산호나 말미잘에 더욱 가깝다.

해파리의 진화는 어류의 진화보다 최소 1억 년 앞서 있다.

지구상에는 현재 1,500여 종의 해파리가 존재한다. 바닷물 수온이 높아지고 산성화와 오염이 점차 심각해지면서 해파리의 개체 수도 늘어나고 있다.

해파리의 촉수에는 날카로운 가시세포가 있어서 작은 물고기, 크릴, 갑각류, 심지어 다른 해파리 같은 먹이를 만나면 독이 들어 있는 바늘을 쏜다.

모든 해파리가 인간을 쏘는 것은 아니지만 상자해파리 같은 몇몇 해파리는 치명적인 독성을 갖고 있다.

해파리는 무리를 짓는다.
수백만 마리의 해파리로 이루어진
대형 무리는 25.9제곱킬로미터를
뒤덮을 정도로 크다.

53

사자갈기해파리

해파리 중에 가장 크다고
알려진 이 해파리의 촉수는
무려 30미터에 이른다.

보름달물해파리

이 해파리는 수면 가까이
머무르는 습성이 있어
대형 물고기, 바다거북,
바닷새 같은 포식자에게
쉽게 잡혀 먹힌다.

대서양원양
해파리

플랑크톤만 먹는 다른
해파리 종과 달리
대서양원양해파리는
작은 물고기에게
맹독성 독을 쏘아
잡아먹는다.

고깔해파리

해파리처럼 보이지만
일반적인 해파리와 달리
아주 작고 고도로 특화된
수많은 개체로 이루어진
관해파리(siphonophore)다.

홍해파리

대서양에 서식하며 불멸의 해파리로 알려진 이
해파리 종은 번식 이후에도 반복해서 미성숙한
단계로 되돌아갈 수 있다. 이는 죽지 않고
영원히 살아갈 수 있다는 의미다!

해파리의 생애

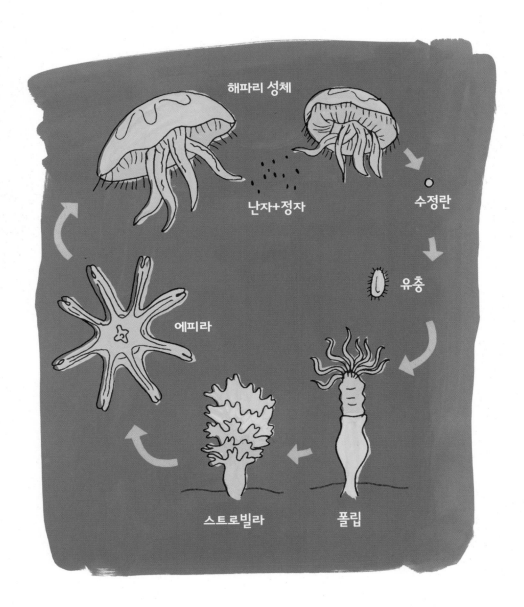

해파리 성체

난자+정자

수정란

유충

에피라

스트로빌라

폴립

심해 생명체

깊은 바닷속은 차갑고 어둡다. 해수면에서 183미터 아래로 내려가면 햇빛의 1% 정도만 비치고 평균 수온도 섭씨 0~3도에 불과하다. 해수면으로부터 몇 킬로미터 아래에서 살아가는 동물이 받는 수압은 상상을 초월한다. 9.1미터씩 내려갈 때마다 1기압이 추가된다. 해수면으로부터 4.8킬로미터 아래에서는 대략 500기압의 수압을 견뎌야 한다. 하지만 이처럼 깊고 어두운 바닷속에서도 수많은 생명체가 살아간다.

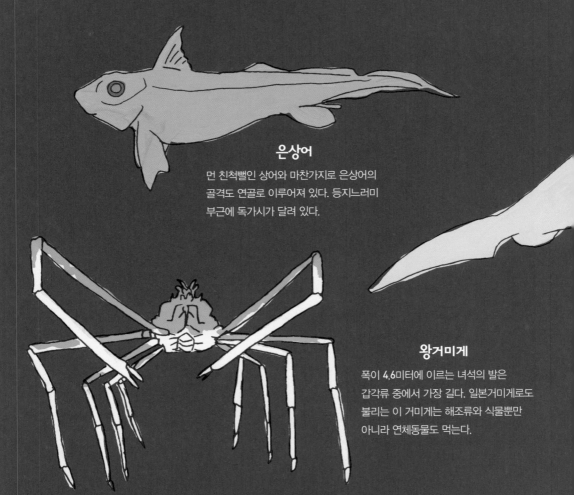

은상어

먼 친척뻘인 상어와 마찬가지로 은상어의 골격도 연골로 이루어져 있다. 등지느러미 부근에 독가시가 달려 있다.

왕거미게

폭이 4.6미터에 이르는 녀석의 발은 갑각류 중에서 가장 길다. 일본거미게로도 불리는 이 거미게는 해조류와 식물뿐만 아니라 연체동물도 먹는다.

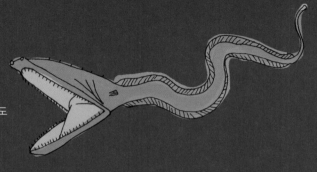

펠리칸장어

튀어나온 입 때문에 풍선장어로도
불리는 이 장어는 꼬리 끝의
분홍색과 붉은색의 생체 발광
세포를 이용해 먹이를 유인한다.

마귀상어

분홍색을 띤 이 상어는 먹이를 먹을 때
턱을 앞으로 몇 센티미터씩 내밀 수 있다.
대개는 대구 따위의 심해어를 먹고 살아간다.

덤보문어

몸길이가 1.5미터까지 자라는 이 문어는
일반적인 문어와 달리 6킬로미터 이상의
깊은 바닷속에서 관측되어 왔다.
녀석들은 귀처럼 생긴 덮개를 펄럭여 앞으로
나가는 동시에 다리로는 방향을 잡는다.

도끼고기

생체 발광 능력은 위장 수단이 된다.
빛에 민감한 눈은 어둑한 바닥과 대비를
이루는 먹잇감을 찾을 수 있도록
위쪽을 향하고 있다.

독사고기

생김새는 무시무시해도 녀석들의
몸길이는 30센티미터에 불과하다.
길쭉한 등지느러미의 빛나는
발광기가 먹이를 유인한다.

대왕오징어

몸길이가 12미터까지 자라고 몸무게가
0.9톤에 이르는 대왕오징어의 눈은
폭이 30센티미터에 이를 만큼 크다.
수명은 5년 정도에 불과하며 생애
단 한 번 짝짓기를 한다. 대왕오징어는
아주 깊은 바다에서 살고 희귀해서
2012년에야 야생 상태에서 처음으로
카메라에 포착되었다.

대왕오징어보다 큰 유일한
무척추동물은 사촌뻘 되는
남극하트지느러미오징어(콜로살오징어)뿐이다!

관벌레

이 벌레는 황화수소를 이용하는 박테리아 덕분에 심해
열수분출공* 부근에서 살아간다.

---

* 마그마의 열로 뜨거워진 물이 솟아오르는 일종의 해저 온천

귀신고기

몸길이가 18센티미터 정도에 불과하지만
길고 날카로운 이빨을 이용해 다른
물고기와 갑각류, 두족류를 잡아먹는다.

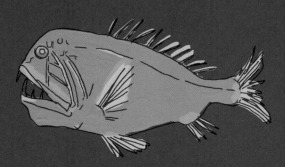

블랙스왈로우어

25센티미터 크기의 이 포식자는 어마어마한 크기로
팽창할 수 있는 위장 덕분에 자기 몸길이의
2배 이상이고 몸무게가 몇 배에 이르는
물고기도 잡아먹을 수 있다.

꼬리민태

몸통이 급격히 가늘어지는 꼬리민태는
심해에서 가장 흔히 볼 수 있는 어종이다.

CHAPTER 3

고래 삼매경

고래의 생김새

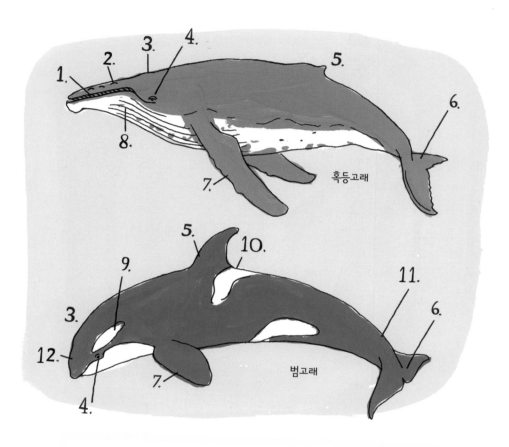

혹등고래

범고래

1. 수염
2. 결절
3. 분수공
4. 눈
5. 등지느러미
6. 꼬리지느러미
7. 가슴지느러미
8. 배 주름
9. 눈의 반점
10. 등마루
11. 꼬리자루
12. 돌기

고래, 돌고래, 쥐돌고래는 고래목에 속한다.
이처럼 공기 호흡하는 해양 포유류는 머리끝에
이른바 분수공으로 불리는 개조된 콧구멍이
있다. 고래의 꼬리지느러미는 가로로 누운 것이
특징이다. 고래목에 속하는 모든 고래는
두꺼운 피하지방 덕분에 차가운 심해에서도
몸을 보호하고 체온을 유지할 수 있다.

대왕고래
분수공

6종의 쥐돌고래, 30종 이상의 돌고래,
40종 이상의 고래를 포함하여 고래목에는
모두 80종이 넘는 고래가 있다.

고래는 크게 수염고래와 이빨고래의 두 부류로 나눌 수 있다.

수염고래

수염고래는 입속의 크고 주름진 판으로
바닷물을 여과시켜 플랑크톤과 크릴을
잡아먹는다.

이빨고래

이빨고래는 물고기, 오징어,
수생 포유류, 새를 사냥한다.

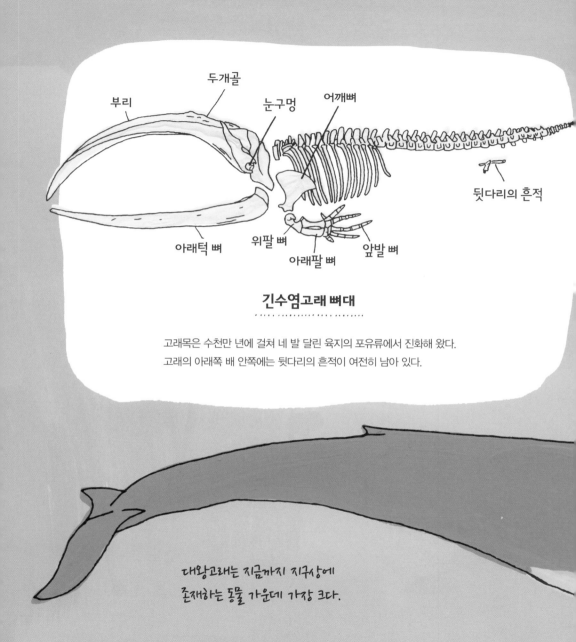

부리

두개골

눈구멍

어깨뼈

뒷다리의 흔적

아래턱 뼈

위팔 뼈

아래팔 뼈

앞발 뼈

긴수염고래 뼈대
. . . .

고래목은 수천만 년에 걸쳐 네 발 달린 육지의 포유류에서 진화해 왔다.
고래의 아래쪽 배 안쪽에는 뒷다리의 흔적이 여전히 남아 있다.

대왕고래는 지금까지 지구상에
존재하는 동물 가운데 가장 크다.

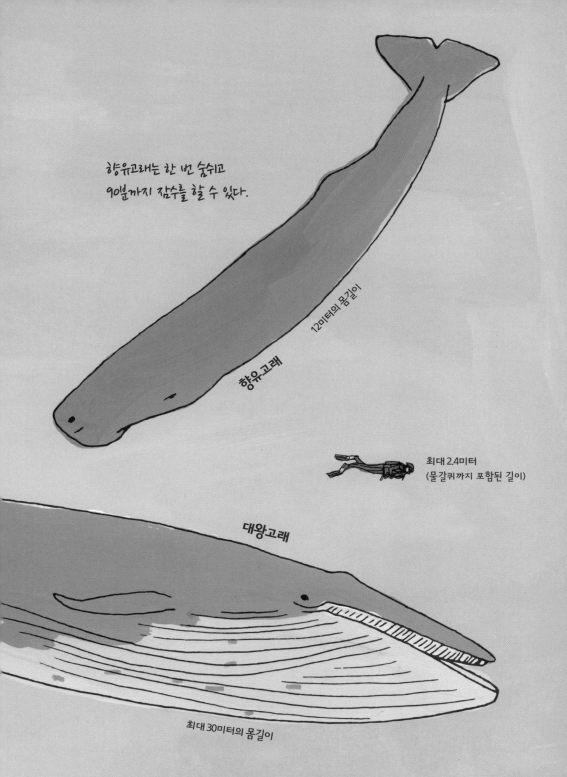

향유고래는 한 번 숨쉬고
90분까지 잠수를 할 수 있다.

12미터의 몸길이

향유고래

최대 2.4미터
(물갈퀴까지 포함된 길이)

대왕고래

최대 30미터의 몸길이

크고 작은 고래들

참고래
20미터, 45톤

긴수염고래
14미터, 23톤

귀신고래
12미터, 27톤

향유고래
12미터, 35~59톤

정어리고래(보리고래)
18미터, 20톤

브라이드고래
10미터, 20톤

북극고래
14~18미터, 91톤

혹부리고래
4.5미터, 1톤

부리고래
4.5미터, 1톤

밍크고래
5미터, 6톤

흰고래
4미터, 1.4톤

외뿔고래
5.4미터, 1톤

거품 그물
사냥

거품 그물 사냥

....

혹등고래는 장거리 이동을 준비할 때
날마다 2.3톤가량의 물고기를
잡아먹는 일에 90%의 시간을 보낸다.

혹등고래의 복잡하면서도 협동적인 사회구조는
사냥 행위에서 그대로 드러난다.
60마리에 이르는 혹등고래 무리가
아래쪽에서 작은 물고기 떼를 에워싼다.
고래 무리가 분수공을 통해 숨을 내쉬면
거품 '그물'이 형성돼 물고기들은 방향감각을
잃게 되고 빽빽한 공 모양의 거품 그물 속에
갇히게 된다.

고래 무리는 만찬의 시작을 알리는
고유의 신호음을 낸 다음 일제히
입을 활짝 벌린 채 물고기 떼를 향해
순식간에 헤엄쳐 오른다.
이런 기술을 이용해 혹등고래는
수십 킬로그램에서 많게는 수백 킬로그램의
물고기를 한입에 털어 넣을 수 있다.

용연향

회색을 띠고 냄새가 고약한 밀랍 같은 물질. 향유고래는 날카로운
입을 가진 갑오징어로부터 자기를 지키려고 위장에서 용연향을
만들어낸다. 향수를 만드는 데 들어가는 용연향은 매우 희귀해서
파운드당(1파운드=약 454그램) 1만 달러까지도 팔린다.

돌고래의 생김새

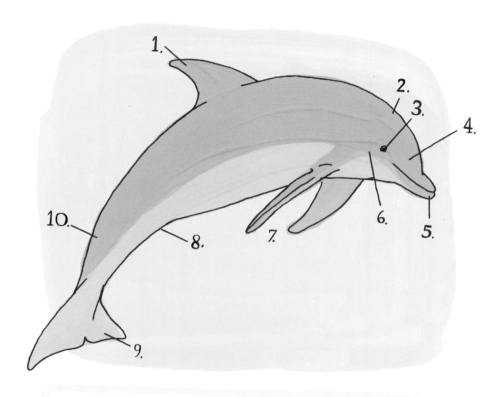

1. 등지느러미
2. 분수공
3. 눈
4. 멜론*
5. 부리

6. 귀
7. 가슴지느러미
8. 생식기
9. 갈라진 고래 꼬리
10. 꼬리자루

---

* 돌고래의 이마 혹은 전두 부위의 지방층으로 이루어진 둥근 부분

파도에서 장난을 친다든지 배가 지나간 자리에서 무리를 이뤄 일제히
물 위로 뛰어오르는 돌고래는 바다에서 가장 장난기 많은 동물로 꼽힌다.

돌고래는 상당히 큰 뇌를 갖고 있으며
지능 있는 행동을 보여 준다.
돌고래 무리를 이루는 구성원은
서로의 이름을 부르며 공감하고
상대의 죽음을 슬퍼하며 우호적 관계를
형성한다고 한다. 또한 도구를 사용하고
새끼를 함께 돌보고 서로 놀리기까지
한다고 알려져 있다.

돌고래 무리는 복잡한 사회조직이다.
돌고래는 무리가 보유한 기술과 정보를
세대에 걸쳐 물려준다.
가령 어떤 무리에 속한 어미 돌고래는
거친 해저면을 파낼 때 해면을 이용해
코를 보호하도록 딸에게 가르친다.

갈고리 모양의
등지느러미

긴 부리

원뿔 모양의
이빨

돌고래와
쥐돌고래 비교

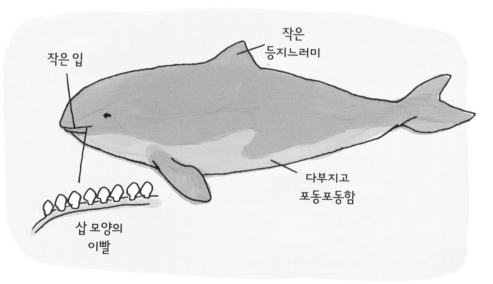

작은
등지느러미

작은 입

다부지고
포동포동함

삽 모양의
이빨

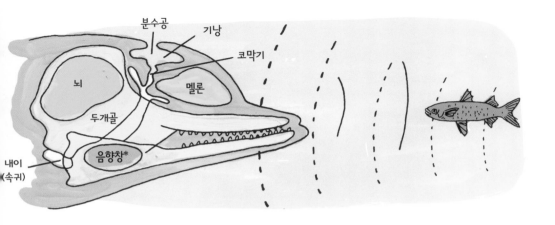

분수공
기낭
코막기
뇌
멜론
두개골
음향창*
내이
《속귀》

반향정위

돌고래는 부비강을 통해 고음을 내보낸 다음 되돌아오는 반향을 해석해 주변 상황을 '알아낸다.'
녀석들은 이처럼 생물학적 음파 탐지를 이용해 먹잇감과 포식자, 무리에 속한 다른 돌고래를 찾아낸다.
이런 음파는 매우 강력하고 정확해서 먹이의 크기, 형태, 속도를 알아내고 고체 내부도 꿰뚫어 볼 수
있으며 무리 중의 누군가 임신한 시기까지 알아맞힐 수 있다.

돌고래는 여럿이 모이면 수다 떨기를
좋아한다. 녀석들은 휘파람소리,
딸깍소리처럼 복잡한 소리 체계를
이용해 소통한다. 또 가볍게 밀치거나
몸의 위치 변화를 통해 상대에게
자기 의사를 전달한다.

돌고래는 대개 물고기, 오징어,
해저의 무척추동물 따위를 먹고
살아간다. 몸집이 큰 돌고래의 경우
물범이나 고래 같은 수생 포유류를
먹이로 삼기도 한다.

---

*   초음파가 들어오고 나가는 부위

돌고래의 종류

점박이돌고래

더스키돌고래

긴부리돌고래

라플라타돌고래

참돌고래

헥터돌고래

커머슨돌고래

이들 6종은 대개 고래나 검은 고래로 불리지만, 유전적으로는 돌고래에 속한다.

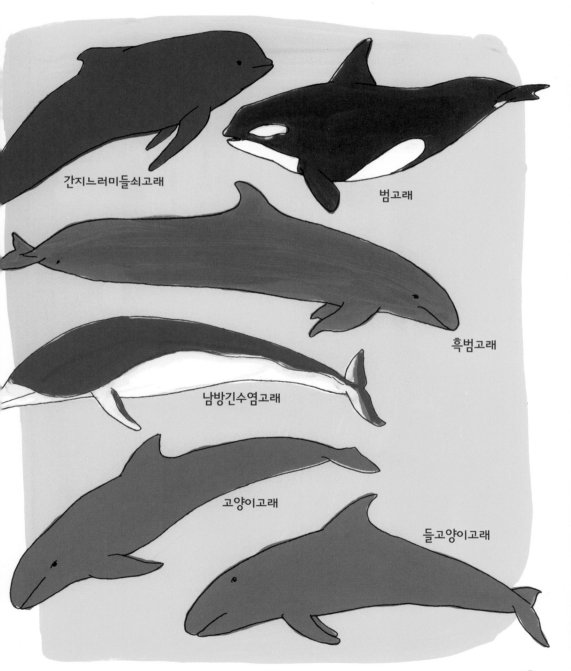

간지느러미들쇠고래

범고래

흑범고래

남방긴수염고래

고양이고래

들고양이고래

범고래

범고래는 돌고래과에 속한 고래 가운데 가장 커서 수컷의 경우 몸길이가 7.6미터 이상, 몸무게가 6톤에 이른다. 범고래는 어떤 바다든 잘 적응해 살아간다. 특정한 군집의 서식지와 습성에 따라 녀석들은 물고기, 물범, 바다거북, 바닷새, 때로는 고래까지 먹이로 삼기도 한다. 전혀 다른 지역에서 살아가는 범고래 무리는 몸 색깔, 크기, 지느러미 형태, 반점에서 다양한 모습을 보인다.

A유형인 '일반적인 범고래'는 밍크고래를 잡아먹는다.

남극 대륙의 범고래 유형

B유형은 물범을 잡아먹는다.

C유형은 주로 물고기를 잡아먹는다.

이처럼 무리를 지어 다니는 사냥꾼들에게는 천적이 없다.

범고래는 시속 56킬로미터의 속도로 먹이를 추적할 수 있다. 녀석들은 늑대처럼 무리를 이뤄 사냥하며 탁월한 지능을 발휘해 먹이를 확보한다.

야생의 범고래가 인간을 공격했다는 사례는
지금까지 한 번도 없었다.

범고래 무리는 수명이 80년이 넘는
암컷 우두머리를 통해 혈통이 계승된다.
녀석들은 어미와 함께 전 생애를
살아간다고 알려진 유일한 포유류다.

머리를
물 밖으로 내밀어
주변 둘러보기

범고래는 해수면 위의 먹잇감을
더 잘 찾아내려고 머리를 물 밖으로
수직으로 내미는 독특한 행동을
주기적으로 한다.

1970년대부터 북미 연안의 태평양을 연구해 온 학자들은 독특한 등지느러미 형태를 촬영하고 식별하는 작업을 통해
범고래를 추적해 왔다.

수컷 범고래의 등지느러미가 길고
곧은 데 비해 암컷의 등지느러미는
곡선으로 구부러져 있다.

지느러미는 싸움이나
보트 프로펠러 때문에
상처를 입을 수 있다.

드러누운 지느러미는
질병을 앓고 있거나
나이가 많이 들었음을
보여 주는 증거일 수 있다.

위협받는 고래

지난 수천 년 동안 인간은 고래를 사냥해 왔다. 18세기에 상업적 고래잡이가 시작된 이후로
일부 고래는 개체 수가 90% 이상 감소했다.

300년 넘게 상업적으로 잡혀 온 향유고래, 대왕고래, 긴수염고래는 개체 수가 10%도 남지 않았다.
혹등고래는 2,000마리도 안 남을 정도로 수난을 겪었지만, 현재는 개체 수가 회복세에 있다.
야생에서 살아가는 북대서양긴수염고래는 500마리에 불과한 것으로 추정된다.

오늘날 국제법은 고래잡이를 대부분 금지하고 있으며
대부분의 고래 종이 회복세에 있지만,
인간이 환경에 미친 영향 때문에 여전히 고통을 겪고 있다.

오늘날 고래를 위협하는 요인

환경 오염

물고기를 잡아먹는 고래의 몸 안에 수은, 석유화학물질, 폴리염화비페닐(PCB), 배출된 농업용수가
축적된다. 죽은 흰고래 중에는 오염 정도가 너무 심해서 유독성 폐기물로 처리해야 할 것도 있다.
여과 섭식*을 하는 모든 고래는 크릴이나 플랑크톤뿐만 아니라 미세플라스틱까지 먹는
실정이어서 건강과 번식에 위협을 받고 있다.

기후 변화

기후 변화로 극지방의 빙하가 녹고 있어 인류는 새로운 항로를 개척하고 석유와 가스 공급지를
새로이 탐사하는 중이다. 북극고래와 외뿔고래처럼 빙하와 조용한 서식지를 터전으로
살아가는 고래 종은 위험한 상황에 놓여 있다.

소음 공해

일부 고래 종은 장거리 교신을 통해 짝짓기 상대를 찾아내기 때문에
군용 음파, 선박 운항, 건설, 화석연료 탐사에서 발생하는 소음 공해는
살아남으려고 몸부림치는 고래에게 더 큰 부담이 될 수 있다.

남획

인간은 이빨고래가 먹이로 삼는 수많은 수생 동물을 남획해 왔다. 미국의 태평양 북서 연안에서
치누크연어의 개체 수가 줄어들자 남부에 서식하는 범고래 수가 75마리 미만으로 떨어졌다.
고래는 조업 중인 선박과 충돌하기도 하고 어망에 곧잘 걸려들기도 한다.

---

*   물속의 부유물질을 걸러서 유기물을 먹이로 취하는 것

매너티

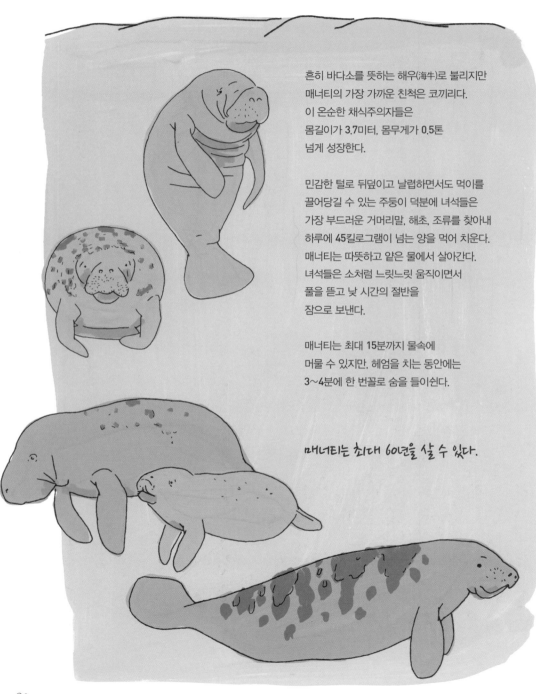

흔히 바다소를 뜻하는 해우(海牛)로 불리지만
매너티의 가장 가까운 친척은 코끼리다.
이 온순한 채식주의자들은
몸길이가 3.7미터, 몸무게가 0.5톤
넘게 성장한다.

민감한 털로 뒤덮이고 날렵하면서도 먹이를
끌어당길 수 있는 주둥이 덕분에 녀석들은
가장 부드러운 거머리말, 해초, 조류를 찾아내
하루에 45킬로그램이 넘는 양을 먹어 치운다.
매너티는 따뜻하고 얕은 물에서 살아간다.
녀석들은 소처럼 느릿느릿 움직이면서
풀을 뜯고 낮 시간의 절반을
잠으로 보낸다.

매너티는 최대 15분까지 물속에
머물 수 있지만, 헤엄을 치는 동안에는
3~4분에 한 번꼴로 숨을 들이쉰다.

매너티는 최대 60년을 살 수 있다.

매너티는 많은 시간을 해수면 근처에서
졸다가 보트와 부딪혀 해마다 수십 마리씩
목숨을 잃는다. 설령 살아남았다 해도
수많은 매너티의 등에는 보트의 프로펠러에
부딪혀 생긴 상처가 남는다. 또 어망에
걸리거나 적조라 불리는 유독성 조류의
번식에 희생되기도 한다.

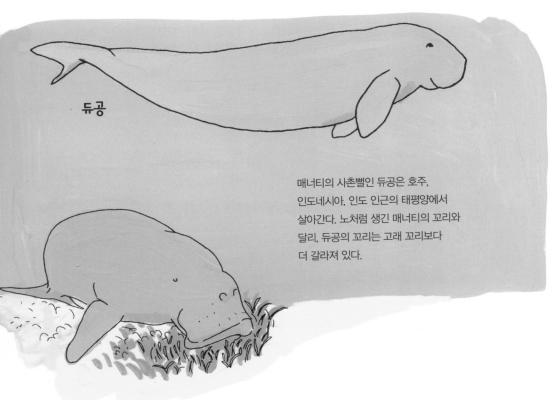

듀공

매너티의 사촌뻘인 듀공은 호주,
인도네시아, 인도 인근의 태평양에서
살아간다. 노처럼 생긴 매너티의 꼬리와
달리, 듀공의 꼬리는 고래 꼬리보다
더 갈라져 있다.

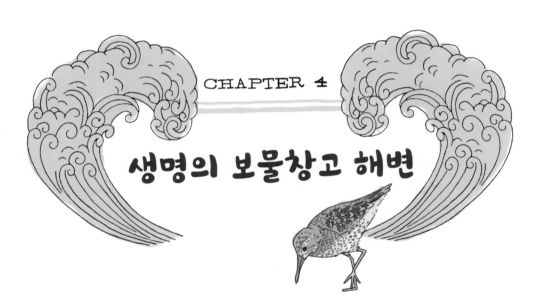

CHAPTER 4

생명의 보물창고 해변

모래

. . . .

모래를 이루는 광물질은 해변에 따라 천차만별이다.

산호 ⟶

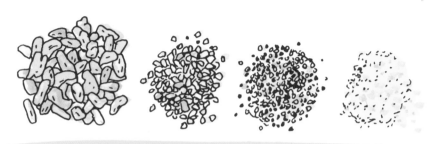

카리브해처럼 산호초가 있는 해안지역의 해변 모래는 작은 산호 입자로 이루어져 있다.
파랑비늘돔은 산호 속의 해조류를 먹고 산다. 녀석들은 단단한 산호를 입과 목구멍에서
잘게 부수어 모래로 만든 다음 소화되지 않은 입자는 몸 밖으로 배출한다.

화산암 ⟶

하와이 해변에서 볼 수 있는 화산암은 화산 내부에서 형성된
현무암과 흑요석 때문에 검은색을 띨 수 있다.

언젠가 해안가를 돌아다니며 모래성을 쌓거나
해변에 누워 일광욕을 즐길 기회가 있거든
발밑에 있는 모래를 잘 살펴보길 바란다.

석영

열대지역이 아닌 해변의 모래는 대부분 파도에 부딪힌 석영에서 나온 이산화규소로 이루어진다.
석영은 거칠게 몰려드는 파도에 의해 잘게 부서지고 만다.

조개껍데기

어떤 해변의 모래는 잘게 부서진 조개껍데기로 이루어져 있다.

해변의 모래는 수많은 동물이 살아가는 보금자리다.

게가재사촌
(모래파기게)

농게

뭍게

게가재사촌, 농게, 뭍게는
모래에 굴을 판다.

도요새

갯지렁이

대합

갯지렁이

대합, 갯지렁이는
젖은 모래 밑에서
살아간다.

제비갈매기, 집게제비갈매기, 물떼새처럼
모래 위에 직접 둥지를 트는 새들도 있다.

흰제비갈매기

물떼새

해변의 생김새

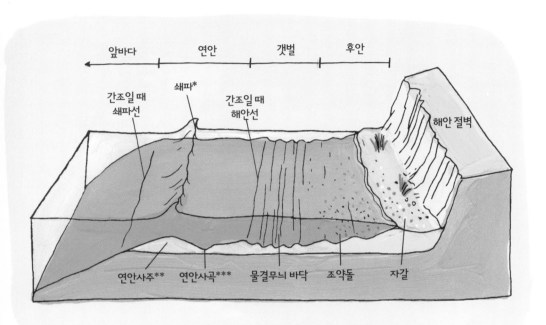

앞바다　　　연안　　　갯벌　　　후안

간조일 때 쇄파선
쇄파*
간조일 때 해안선
해안 절벽

연안사주**　　연안사곡***　　물결무늬 바닥　　조약돌　　자갈

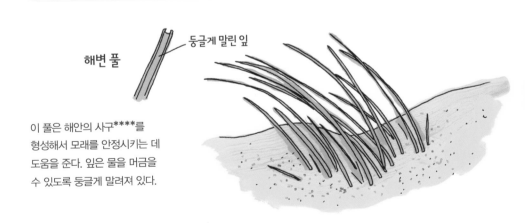

해변 풀

둥글게 말린 잎

이 풀은 해안의 사구****를
형성해서 모래를 안정시키는 데
도움을 준다. 잎은 물을 머금을
수 있도록 둥글게 말려져 있다.

---

*　심해로부터 너울이나 파랑 등이 완만한 해안에 밀려와서 부서지는 파도
**　해안과 평행하게 발달한 좁고 긴 모래 퇴적체
***　저조선 아래의 파도, 연안류 등에 의해 형성된 해안과 평행한 골 지형
****　바람의 퇴적작용으로 만들어진 모래 언덕

캘리포니아
갈매기

조수 웅덩이

이 같은 천연 수족관 덕분에 보통은 접근이 힘든 아름다운 바다 생명체를 가까이에서 관찰할 수 있다. 최고의 조수 웅덩이는 썰물 때만 드러나는 암초가 돌출된 곳에 만들어지기 쉽다.

조수 웅덩이에는 끊임없이 변화하는 환경에서도 살아남을 수 있을 만큼 강한 동물들이 다양하게 분포한다.

홍합, 따개비, 굴 같은 여과 섭식자는 조수 웅덩이에 고인 물에서 미세 플랑크톤을 잡아먹는다.

거미불가사리

고랑따개비

파란 홍합

말미잘, 불가사리, 게는 바다 고둥,
노벌레(요각류) 따위의 작은 갑각류와
물고기를 먹이로 살아간다.
전복은 다시마와 같은 해조류를 좋아한다.
고둥과 삿갓조개는 혀처럼 생긴
거친 신체 기관을 이용해 암초에 붙은
해조류를 긁어먹는다.

큰풀색
꽃해변말미잘

별불가사리

방석고둥

삿갓조개

전복

바위게

조수 웅덩이에서는 갑각류, 작은 물고기, 벌레를 찾아
부지런히 움직이는 윗통가시횟대, 벵에돔, 심지어는
에퍼렛얼룩상어도 볼 수 있다.

벵에돔

에퍼렛얼룩상어

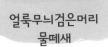

얼룩무늬검은머리
물떼새

일부 윗통가시횟대 좋은 조수 웅덩이에서
완전히 물이 빠져나갈 때
공기 중의 산소를 뱉아내기도 한다.

갈매기, 꼬까물떼새, 검은머리물떼새를
비롯한 바닷새들은 썰물 때 암초에 드러난
홍합, 삿갓조개, 따개비를 찾아
헤집고 다닌다.

꼬까물떼새

윗통가시횟대

조간대 생태계

비말대

만조대

간조대

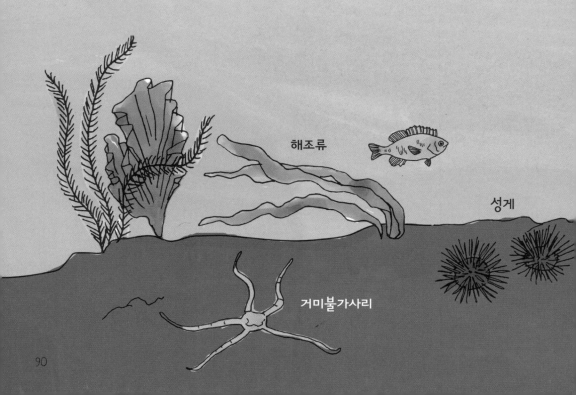

해조류

성게

거미불가사리

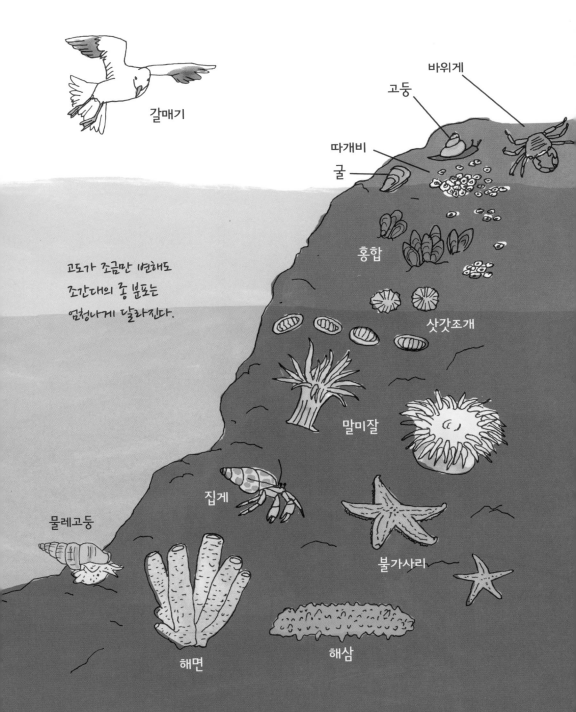

갈매기

바위게

고둥

따개비

굴

홍합

삿갓조개

고도가 조금만 변해도
조간대의 종 분포는
엄청나게 달라진다.

말미잘

집게

물레고둥

불가사리

해면

해삼

91

조가비 형태

청자고둥   계란고둥   수정고둥   뿔고둥   물레고둥   군부

지렁이고둥   뿔조개   송곳고둥   총알고둥   보말고둥   굴

큰구슬
우렁이   개오지   민챙이   삿갓조개   배고둥   전복

가리비   새조개   대합   홍합   맛조개

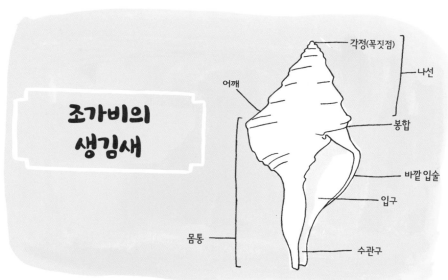

조가비의
생김새

각정(꼭짓점)

어깨

나선

봉합

바깥 입술

입구

몸통

수관구

다양한 조가비

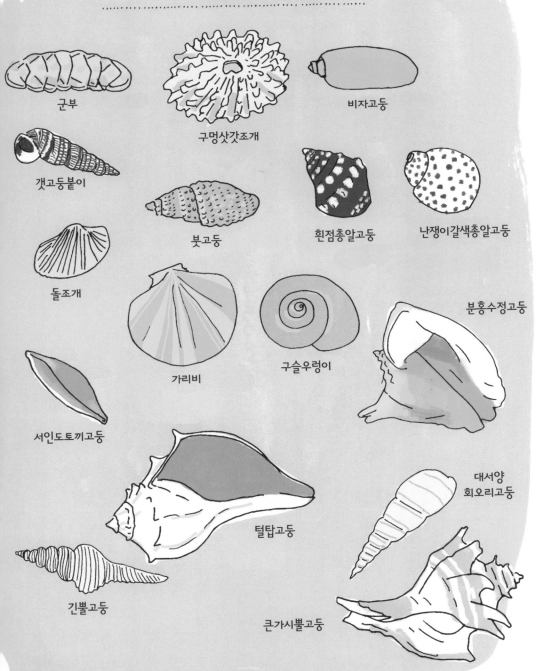

군부

구멍삿갓조개

비자고둥

갯고둥붙이

붓고둥

흰점총알고둥

난쟁이갈색총알고둥

돌조개

가리비

구슬우렁이

분홍수정고둥

서인도토끼고둥

털탑고둥

대서양
회오리고둥

긴뿔고둥

큰가시뿔고둥

갯비틀이고둥
상아뿔조개
삿갓조개
펠리칸발수정고둥
송곳고둥
플라밍고혀개오지붙이
육각뿔고둥
서인도지렁이고둥
실꾸리고둥
커피콩개오지
무륵
매끈이무륵
싯카총알고둥
표주박고둥
전복
별납작소라
언청이고둥
보라고둥
군부
미국수레바퀴고둥
아틀랜틱베이대서양가리비
새꼬막
칼리코대합
햇살접시조개
퇴조개
개조개
키조개

북방연두군부

장미접시조개

태평양분홍가리비

뿔조개

플로리다청자고둥

줄무늬밤고둥

브리츠가시뿔고둥

주노니아홍줄고둥

지렁이고둥 군체

대서양노랑개오지

대서양가시굴

보라띠밤고둥

보닛계란고둥

격자언청이고둥

점무늬무륵

가면흰삿갓조개

달스회오리고둥

노랑새조개

갈고리홍합

매날개수정고둥

굴

대서양가리맛조개

95

해조류
....

해조류는 1만 종이 넘는 수생 대형조류에 붙여진 일반적인 명칭이다.
해조류는 암초가 많고 수심이 얕은 해안가라면 어디서든 잘 자란다.

흔히 해조류는 엽록소가 들어 있고 햇빛으로부터 에너지를 만들어 내는 광합성 작용을 한다는 이유로
식물이라는 오해를 받는다. 하지만 해조류에는 잎, 줄기, 뿌리 같은 식물 구조가 없다.

해조류는 붉은색, 갈색, 초록색의 색깔로 분류한다. 이 세 종류의 해조류는 먼 친척 관계다.

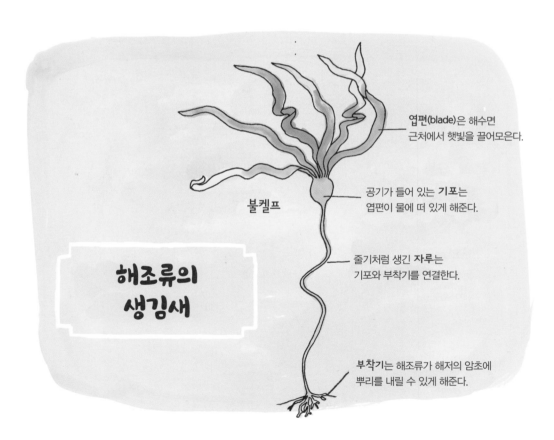

엽편(blade)은 해수면
근처에서 햇빛을 끌어모은다.

공기가 들어 있는 **기포**는
엽편이 물에 떠 있게 해준다.

줄기처럼 생긴 **자루**는
기포와 부착기를 연결한다.

부착기는 해조류가 해저의 암초에
뿌리를 내릴 수 있게 해준다.

불켈프

해조류의
생김새

가시파래

진두발

모자반

미역

뜸부기

자이언트켈프

팔마리아

모자반

다시마

갈파래

다시마숲

볼락

해조류는 생태계에서
중요한 역할을 한다.
해조류는 수천 종의
바다 생명체에 먹이와
은신처를 제공한다.
차가운 바닷물에서
수많은 종의 어류는
다시마숲에서 알을 낳고
새끼가 자랄 안전한
공간을 마련한다.

태평양
원양해파리

표범상어

해달

다시마는 하루에 약 30센티미터 이상
자랄 수 있어서 대식가로 악명 높은
성게에게 엄청난 양의 먹이를 제공한다.

꾀가 많은 해달은 성게를 잡으러 물속으로
들어갈 때 다시마 잎으로 새끼를 붙들어
매어 둔다. 농어, 게, 해파리, 볼락은 물론
귀신고래까지도 안전한 다시마숲을
보금자리로 삼아 살아간다. 가마우지,
갈매기, 제비갈매기, 왜가리 역시 이곳에
사는 풍부한 먹이를 잡아먹는다.

다시마숲이 제공하는 풍요는 상어, 물범,
바다사자 같은 포식자를 끌어들인다.
녀석들은 먹이를 사냥할 때 우거진
다시마숲에 몸을 숨긴다.

캘리포니아놀래기

뿔물맞이게

성게는 200년을 살 수 있다!

대왕농어

성게

따개비

고랑따개비

거북손

따개비는 조수의 영향을 받는 얕은 곳에서
살아간다. 따개비는 솜털 같은 촉수로 물속에
떠 있는 동물플랑크톤을 걸러먹고 산다.

분홍큰따개비

갑각류인 따개비는 홍합이나 굴 같은
연체동물보다는 게나 바다가재에 더 가깝다.

따개비 종류는 무려 1천여 종에 이른다.
대부분은 암수한몸으로 수컷과 암컷의
생식기를 모두 갖고 있다.

따개비는 몸체 크기와 대비해
다른 어떤 동물보다
긴 성기를 갖고 있다.

따개비의 생김새

성기

촉수

석회질 판

몇몇 따개비 종은 살아 있는 생명체에
달라붙어 기생한다. 그런 따개비는 먹이에
접근할 기회가 많아지는 혜택을 얻지만,
고래와 같은 일부 숙주는 해를 입을 수도 있다.
따개비의 개체 수 증가는 다른 기생충 감염을
촉진하고, 헤엄칠 때 물의 저항을 크게
하기 때문이다.

따개비는 두 차례의 유생 단계를 거친다.
노플리우스는 미세한 플랑크톤을
먹이로 삼는 작고 털이 많은 유생이다.
이 유생은 다음 단계인 사이프리스에
이르기 전에 몇 번 정도 외골격을 탈피한다.

사이프리스 유생 단계에서는 아무것도
먹지 않는다. 이들에게 주어진
유일한 과제는 여생을 보내기 위해 안전한
표면에 들러붙는 것이다. 사이프리스 유생은
근처 다른 따개비가 살아가는 물속의
거친 표면을 선호한다. 녀석들은 더듬이(촉각)를
이용해 표면에 매달린 다음, 단백질 성분의
접착제로 단단하게 들러붙는다.

유생 단계의 따개비는 홍합과 물고기의
먹이가 되지만, 성체가 된 따개비의
단단한 외골격은 일부 고둥과
불가사리만이 깨뜨릴 수 있다.

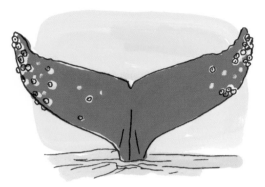

**고래 꼬리에 붙은
따개비**

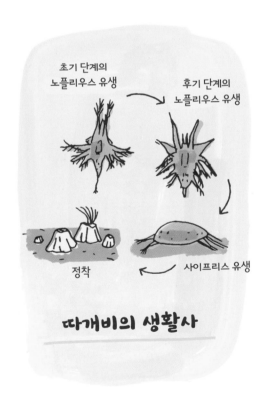

초기 단계의
노플리우스 유생

후기 단계의
노플리우스 유생

정착

사이프리스 유생

따개비의 생활사

맛조개

해안가 모래사장에서
열쇠 구멍처럼 생긴 작은 구멍을
발견한다면 그 모래 속에는
맛조개가 숨어 있는지도 모른다.

맛조개는 날카롭고 좁은
경첩 모양의 껍질을 갖고 있다.
다른 조개와 마찬가지로
맛조개 역시 물속의 영양분을 걸러
먹이로 삼는 이매패류 조개에 속한다.

맛조개는 잡기가 힘들다.
포식자가 나타난 듯한 조짐이
보이면 눈 깜짝할 사이에
모래 밑으로 1.2미터까지
파고 들어가기 때문이다.

맛조개 요리는 진미로 꼽힌다.
일부 지역에서는 자원 고갈을
막고자 맛조개 채취를
제한하기도 한다.

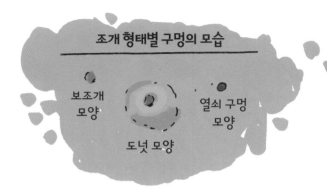

조개 형태별 구멍의 모습

보조개
모양

도넛 모양

열쇠 구멍
모양

모래에 구멍을
파고 들어간다

태평양 맛조개

대서양가리맛조개

물을 뿜는다

바닷가에 사는 새

적갈색따오기

유목 생활을 하는 적갈색따오기는
아프리카, 아시아, 호주, 미국을
비롯하여 비교적 넓은 지역에
분포한다. 둥지를 지을 때
녀석들은 나뭇가지와 풀을 이용해
커다란 발판을 만든다.
다양한 종류의 곤충뿐만 아니라
홍합과 갑각류도 먹이로 삼는다.

검은댕기해오라기

이 해오라기는 잔가지, 곤충, 깃털처럼
미끼로 삼을 만한 재료를 이용해 물고기, 양서류,
무척추동물을 유인한다. 먹이로 잡은 커다란
개구리를 삼키기 쉽게 익사시킨다고 알려져 있다.

진홍저어새

진홍저어새는 평평한 부리에
분홍색을 띤 날개를 지녔으며
몸집이 큰 편이다. 바닷속을
넓적한 부리로 살살이 훑어
물고기, 곤충, 작은 게,
양서류를 잡는다.

검은머리물떼새

검은머리물떼새는 미국 서부 연안을
따라 바위가 많은 지역에서 살아간다.
블랙오이스터캐처(black oystercatcher)*라는
영어 이름과는 달리, 홍합을 좋아해
강한 부리로 홍합껍데기를 깨부순다.
이들은 대부분 평생에 걸쳐 같은 짝을
이루고 산다. 위협을 느끼면 큰 소리로
울다가 날아가 버린다.

도요새

일반적인 도요새는 유럽, 아시아, 아프리카,
호주에 걸쳐 분포한다. 얕은 물에서
곤충과 작은 갑각류를 잡아먹고 살아간다.
큰 무리를 이룬 도요새들은 고음으로 지저귄다.

큰지느러미발도요

큰지느러미발도요는 먹이를 잡아먹을 때 얕은 물에서
좁은 원을 그리며 헤엄을 쳐서 작은 소용돌이를 만든다.
바닥에 숨어 있는 무척추동물을 자극하기 위해서다.
새끼 키우는 일은 수컷이 도맡아 한다. 암컷들은
수컷을 두고 쟁탈전을 벌이며 번식기마다
여럿의 수컷을 상대로 짝짓기를 한다.

---

* oyster는 굴을 뜻하는 영어 단어

뒷부리장다리물떼새

뒷부리장다리물떼새는 묘하게 위로 향한
부리 덕분에 쉽게 알아볼 수 있다.
염생습지*에 부리를 휘둘러 곤충과 크릴을
잡아먹는다. 큰 무리를 이루어 둥지를 틀고
침입자에 맞서 적극적으로 둥지를 지킨다.

세가락도요

세가락도요는 북극에서 새끼를 낳아 기르지만,
남미나 호주처럼 먼 곳까지도 이동한다.
사촌뻘인 도요새와 마찬가지로 해안선을 따라
종종걸음치며 파도를 따라가다가 갑자기
멈춰 서서 작은 게나 투구게 알을 모래에서
집어내어 먹는다.

긴부리마도요

마도요는 도요새와 친척이다.
녀석들은 길게 구부러진 부리를 이용하여
진흙과 부드러운 모래 속에 숨은 벌레.
곤충, 갑각류를 잡아먹는다.
마도요는 전 세계 어디서든 찾아볼 수 있다.

---

* 바닷물이 드나들어 염분 변화가 큰 갯벌

재갈매기

먼바다에 사는 새

알바트로스(신천옹)

날개폭이 4.3미터에 이르는 대형 알바트로스는 가장 큰 새로 꼽힌다. 녀석들은 40년 이상을 살 수 있다. 알바트로스의 어깨 힘줄은 특이해서 날개를 활짝 펼친 채로 힘들이지 않고 매우 효율적인 활공을 한다. 몇몇 종의 알바트로스는 멸종 위기에 놓여 있다.

군함조

군함조는 비행의 대가로 꼽힌다. 뼈가 몸무게의 5%에 불과해서 몇 주 동안이고 계속 공중에 머무를 수 있으며 심지어 비행 중에 잠을 잔다고 알려져 있다. 수컷은 선홍색의 목주머니를 부풀려 암컷을 유혹한다.

흰꼬리열대새

바다 생활에 너무 잘 적응한 탓에 육지에서는 다리로 몸을 지탱하지 못하기도 한다. 이처럼 큰 새들은 바닷속으로 뛰어들어 쏜살같이 움직이는 물고기와 오징어를 낚아챈다.

푸른발부비새

푸른발부비새는 바다로 뛰어들어
물속의 고기를 따라 헤엄치면서
사냥을 한다. 부비새는 비교적 사람을
두려워하지 않아 배에 내려앉는 모습도
흔히 볼 수 있다.

갈색펠리컨

갈색펠리컨은 30센티미터가량 길이의 부리에
날개폭이 2.1미터에 이른다. 녀석들은 해수면 바로
위에서 빽빽하게 무리를 이루어 비행한다.
물고기를 쫓아 물속으로 뛰어든 펠리컨은 커다란
목주머니 속에 한 번에 몇 마리씩 잡아넣는다.

바다오리

바다쇠오리과에 속한 이 바다오리는 날고
걷는 것 모두 시원찮지만, 수영만큼은 뛰어난
실력자다. 날개를 동력으로 나아가기 때문에
물속에서 날아가는 것처럼 보인다.
몇몇 바다오리 종은 물고기와 크릴을 잡으러
91미터 깊이까지 잠수하기도 한다.

연안 어류

해안 근처의 얕고 따뜻한 바다에 있는 바위, 해조류, 산호, 떠다니는 나뭇조각은 수많은 종의 정착성 어류와
회유성 어류에게 거처와 먹이를 제공한다. 스노클, 수중마스크 등의 장비를 갖추고 물속에 가만히 서 있으면
다양한 연안 어류가 먹이를 먹고 짝짓기하는 모습을 잠시나마 만날 수도 있다.

바위망둑

바위망둑은 몸집이 작고 바닥에서 살아가는 어류다.
수컷은 암컷이 바위 밑이나 빈 조개껍데기 안에
낳아 둔 알을 돌보고 적극적으로 지킨다.
바위망둑은 1869년 개통한 수에즈운하를 통해
지중해에서 홍해로 이동했다.

긴가시쏨뱅이는 베도라치, 갑각류, 홍합을 먹이로
살아가는 쏨뱅이목에 속하는 바닷물고기다.
녀석들은 비늘이 없는 대신 아가미판에 가시가 달려
있고 머리와 옆구리에는 골질의 돌기가 나와 있다.
쏨뱅이에는 물에 뜰 수 있게 해주는 부레가 없어서
헤엄치기를 멈추면 물속으로 가라앉고 만다.

긴가시쏨뱅이

빗이빨베도라치

빗이빨베도라치는 비늘 대신 알록달록한 피부로
덮여 있다. 몇몇 베도라치는 가슴지느러미를 이용해
바닥을 '걷기도' 한다. 베도라치는 비좁은 은신처를
좋아한다. 어떤 녀석들은 모랫바닥에 굴을 파기도
하고 버려진 껍데기에서 살기도 한다.

헤엄을 거의 못 치는 도치는 동글동글하고 기이하게
생긴 작은 물고기다. 녀석들은 배지느러미에 달린
원형 부착판을 이용해 바위에 달라붙는다.
도치는 홍합, 갯지렁이, 작은 갑각류를 먹고 살아간다.

도치

곰치는 연안이든 심해든 가리지 않고
살아간다. 녀석들은 내부에 덥석 잡은
먹이를 식도로 내려보낼 부수적인
턱을 갖고 있다. 곰치는 후각이 잘 발달해
있으며, 몇몇 종은 피부에서 독성이 있는
점액을 분비한다. 대개는 야행성이다.

곰치

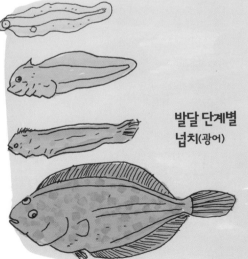

**발달 단계별
넙치(광어)**

넙치는 먹잇감을 기다리며 얕은
바다 밑에 누워 있다. 녀석들은 몸을 숨기려고
반점이 있는 피부색을 그때그때 바꿀 수 있다.
해마다 여름이면 넙치는 오른쪽으로 눕는다.
유생 단계에서 오른쪽 눈은 머리 왼쪽으로
이동한다.

게의 생김새

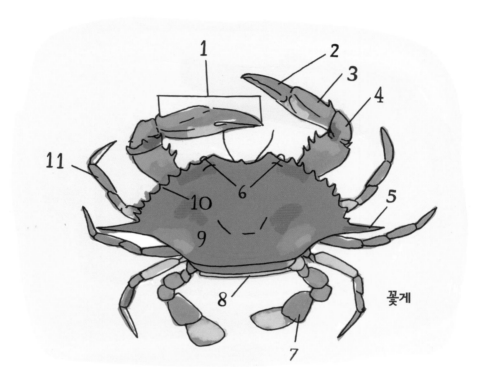

꽃게

1. 집게발
2. 발마디(지절)
3. 앞마디
4. 완절
5. 측면 가시
6. 눈
7. 헤엄다리
8. 배마디
9. 껍데기
10. 전외측 톱니
11. 가슴다리

게는 단단한 외골격과 집게발을 포함하여
10개의 발을 가진 갑각류다. 수천 종의
바닷게 대부분은 조류, 홍합, 벌레,
다른 갑각류는 물론 우연히 발견한 동물의
사체까지 무엇이든 먹어치우는 잡식성이다.

갈라파고스붉은게

할리퀸게

대게

유령게

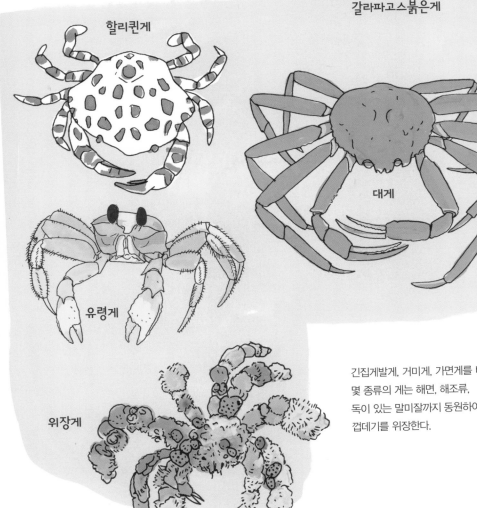

긴집게발게, 거미게, 가면게를 비롯한
몇 종류의 게는 해면, 해조류,
독이 있는 말미잘까지 동원하여
껍데기를 위장한다.

위장게

속살이게

작은 게

속살이게는 굴이나 그 밖의 이매패류 조개
아가미에서 살아가는 기생 동물이다.

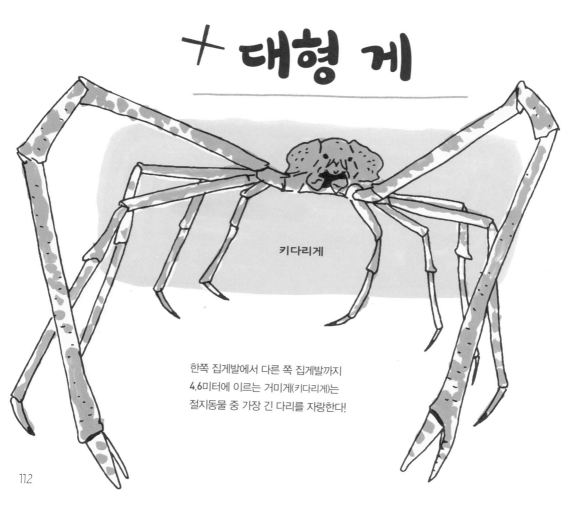

✕ 대형 게

키다리게

한쪽 집게발에서 다른 쪽 집게발까지
4.6미터에 이르는 거미게(키다리게)는
절지동물 중 가장 긴 다리를 자랑한다!

집게

집게의 배에는 단단한 외골격이 없다.
녀석들은 바다 고둥의 텅 빈 껍데기 속에
미끄러지듯 하반신을 집어넣어 자신을 보호한다.
간혹 집게는 알루미늄 캔, 플라스틱 용기,
견과류 껍데기를 은신처로 활용하기도 한다.

몸집이 자라면 집게는 더 큰 껍데기를 찾아
이동해야 한다. 어떤 곳에서는 껍데기를
둘러싼 경쟁이 치열한 나머지,
게들이 큰 껍데기 근처에서 줄까지 서 있다.
녀석들은 더 큰 껍데기를 차지하기 위해
적당한 크기의 게가 자신의 껍데기를
버릴 때까지 기다린다. 대기 중이던 게들이
다른 게가 버린 더 큰 껍데기 속으로 들어가면
껍데기 교환이 순조롭게 이루어진다.

플라스틱 뚜껑

껍데기가 없어도 괜찮아

바다 고등의 생김새

무거운 껍데기가
달린 바다 고등

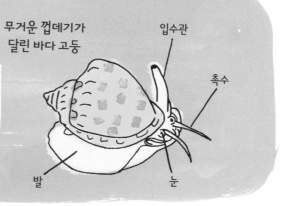

입수관

촉수

발

눈

자주고둥

소라고둥

쟁기고둥

바다 고둥은 말랑말랑한 몸을 껍데기 속에
집어넣을 수 있는 복족류에 속한다.
대개 바다 고둥은 발에 있는
단단한 뚜껑을 닫고 껍데기 속으로
감쪽같이 숨을 수 있다.

고둥은 치설(齒舌)이라 불리는 줄 모양의
특수한 혀가 있어서 조류부터 불가사리에
이르기까지 무엇이든 먹을 수 있다.
큰구슬우렁이는 이빨이 난 벨트처럼 생긴
혀를 이용해 단단한 껍데기를 뚫어
조개를 먹는다.

청자고둥

복족류는 '복부에 다리가 붙은'
연체동물을 뜻한다.

큰구슬우렁이

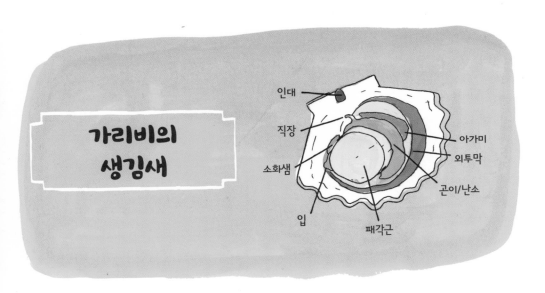

가리비의 생김새

인대
직장
소화샘
입
패각근
아가미
외투막
곤이/난소

가리비는 껍데기를 2개 가진 조개류 중에 유일하게 수중 구조물에 얽매이지 않고 물속에서 자유롭게 헤엄쳐 움직일 수 있다. 가리비는 위험한 상황에 이르면 껍데기를 열었다 닫으며 물을 뿜어내 흔들거리면서도 잽싸게 헤엄쳐 간다.

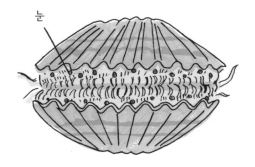

눈

가리비에게는 뇌가 없지만, 껍데기 가장자리를 따라 달린 수많은 원시 단계의 눈이 가까이에 있는 포식자를 감지한다.

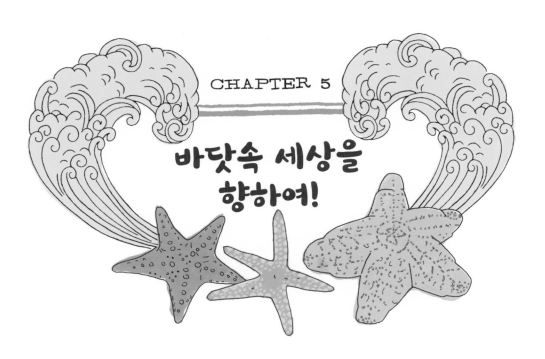

CHAPTER 5

바닷속 세상을
향하여!

대양저

대양저 가운데 오늘날까지 인간이 탐사한 곳은 5% 정도밖에 되지 않으며 나머지는 여전히 미지의 세계로 남아 있다. 상상을 뛰어넘을 만큼 다양한 생명체가 대양저를 보금자리로 삼아 살아간다고 알려져 있다.

바다 밑바닥인 해저는 지역의 지질학적 특성에 따라 모래, 암석, 진흙, 연니로 이루어질 수 있다.
대양저의 절반가량은 유기 퇴적물과 잘게 부서진 동물의 유해가 쌓인 연니로 덮여 있다.
어떤 곳은 이런 퇴적물이 몇 킬로미터 두께로 쌓여 있다. 연니가 불과 5센티미터 쌓이는 데
천 년이 걸린다는 점을 고려하면 믿기 어려운 수치다!

유명한 도버해협의 백색 절벽은 생물학적 연니가 수백만 년에 걸쳐
백악질의 퇴적물로 해저에 압축되어 만들어진 것이다.

해상

해삼은 영어로 '바다오이(sea cucumber)'*라고
하지만, 채소가 아니라 동물이다.
극피동물에 속하는 해삼은 성게나 불가사리와
친척 관계에 있다. 해삼은 흐물흐물한
껍질 바로 밑에 일종의 골격을 형성하는
칼슘 뼈 조각(골편)을 갖고 있다.

노랑해삼

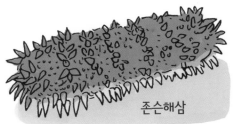

존슨해삼

해삼은 먹이인 플랑크톤, 해조류, 작은 동물을
찾아 바다 밑바닥을 훑고 다닌다. 몇몇 해삼은
바닥에 몸체를 묻고 여러 갈래의 촉수를 펼쳐
물속의 먹이를 잡는다.

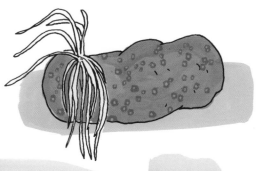

공격을 받은 해삼은 항문에서 끈적거리고
실 같은 창자를 배출한다.

표범해삼

몸이 길쭉하고 가느다란 숨이고기는
포식자를 피해 해삼의 항문에서
안전하게 살아가는 기술을 발전시켰다.

---

* cucumber는 오이를 뜻하는 영어 단어

세다리물고기

세다리물고기의 배지느러미와 꼬리지느러미는 몸길이의 3배에 이른다. 세다리물고기는 이처럼 길고 빳빳한 지느러미를 세우고 바다 밑바닥에서 숨을 죽인 채 먹잇감을 기다린다. 녀석들은 시력이 좋지 않기 때문에 위쪽으로 뻗은 가슴지느러미에 작은 물고기와 갑각류가 부딪히기를 기다렸다가 먹이가 다가오면 입속으로 삼킨다.

세다리물고기는 깊은 바다에서 홀로 살아가기 때문에 자가수정을 통한 번식도 가능하다.*

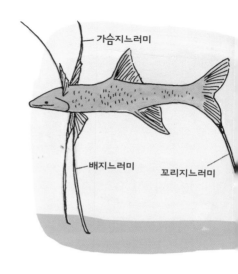

가슴지느러미

배지느러미   꼬리지느러미

합동작전을 펼치는 능성어와 곰치

능성어와 곰치는 해저의 산호초와 암초에서 살아간다. 놀라운 것은 이처럼 전혀 다른 포식자들이 먹잇감을 두고 서로 경쟁하지 않고 훌륭하게 협력한다는 사실이다.

능성어는 곰치의 은신처 근처에서 머리를 흔들어 사냥할 준비가 됐다는 신호를 보낸다. 능성어는 먹이를 놀라게 해서 곰치만이 접근하고 심지어는 수직으로 이동해서 다다를 수 있는 틈새로 몰아넣는다. 마찬가지로 곰치가 좁은 은신처에서 먹이를 쫓아내면 기다리고 있던 능성어가 단숨에 이를 집어삼킨다.

능성어+곰치

---

* 세다리물고기는 암수 생식기를 모두 가진 자웅동체로, 짝을 만날 경우에는 각각 암컷과 수컷의 역할을 해서 번식하지만 짝을 만나지 못하면 자가번식을 한다.

삼천발이불가사리

삼천발이불가사리는 프랙탈 구조로 된 수많은 발이 가지처럼 뻗은 해저 동물이다.
이 같은 대형 불가사리는 정교한 발로 동물플랑크톤 등을 잡아 점액으로
꼼짝 못하게 한 다음 서서히 입으로 가져간다. 삼천발이불가사리의 발은
물고기의 공격을 받더라도 다시 자랄 수 있다.

삼천발이불가사리는 수십 년을 살 수 있고
몸체 지름이 60센티미터에 이른다.

문어의 생김새

1. 눈	4. 수관
2. 촉완	5. 외투막
3. 빨판	

문어는 8개의 발마다 빨판이 두 줄로 나 있다.
문어는 외투막에 있는 강력한 수관을 통해 물을 들이마셔
호흡도 하고 뿜어내어 앞으로 나아가기도 한다.
주요 먹이인 게나 조개, 그리고 다른 갑각류를 부술 때
이용하는 단단한 입을 제외하면 녀석들의 몸체는 부드럽다.
먹잇감을 마비시킬 때는 독샘을 이용한다.

포식자의 눈을 피해 몸을 숨길 때
문어는 몸의 형태뿐만 아니라
피부색과 질감까지 바꾸면서
주위 환경에 맞춰 위장술을 펼친다.

암컷

수컷

문어는 바다가 있는 곳이라면 어디든 살아가지만, 적극적인 먹이 활동을 하지 않을 때는 바닥의 산호초와
암초가 있는 은신처를 좋아한다. 녀석들은 1~5년의 생애 동안 단 한 번 알을 낳아서 번식을 한다.
수컷은 특화된 발을 이용해 암컷에게 정자가 들어 있는 커다란 정포를 전달하고 곧바로 생을 마감한다.

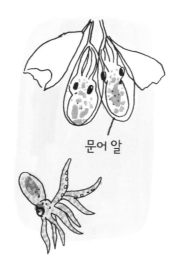

문어 알

어미 문어는 유난스러울 정도로 세심한 모성을 자랑한다.
어미는 은신처에 붙여 둔 10만 개가 넘는 알 위로 여러 달 동안
신선한 물을 부드럽게 불어넣는다. 그러는 동안 어미는 자리를
뜨지 않을뿐더러 심지어 먹지도 않는다. 어미 문어는
알이 부화한 직후에 생을 마친다.

문어는 고등 동물의 지능을 연상시키는 행동을 보인다.
사로잡힌 문어는 자기 입보다 큰 어떤 구멍이든 몸통을 밀어
넣어 빠져나가는 탈출의 대가로 꼽힌다. 문어는 뚜껑을 떼어 내고
자물쇠를 열 수도 있어서 옆의 수조에 갇혀 있는 해물을
먹어치운 다음 자기 자리로 돌아오는 모습이 목격되기도 한다.

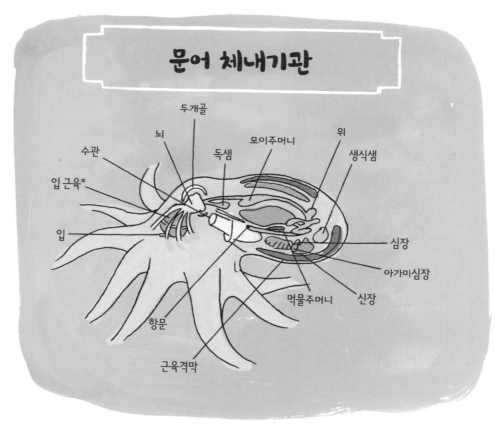

문어 체내기관

두개골
뇌
독샘
모이주머니
위
생식샘
수관
입근육*
입
심장
아가미심장
먹물주머니
신장
항문
근육격막

---

* 일부 연체동물의 소화관 끝에 있는 팽대부로 먹이를 먹을 때 밖으로 나온다.

오징어와 갑오징어 비교

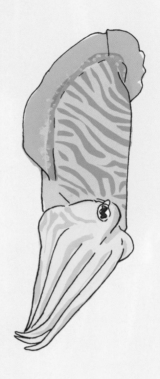

- 둥그스름한 동공
- 길쭉하고 늘씬한 몸통
- 외투막 후미에 붙은 지느러미
- 체내의 반투명하고 유연한
  '연갑(뼈)' 구조
- 빠른 움직임
- 연안에서 멀리 떨어진 바다에 서식

- W자 모양의 동공
- 덩치가 크고 납작한 몸통
- 외투막 길이만큼 붙은 지느러미
- 체내의 부서지기 쉬운, 뼈와 비슷한 구조
- 느린 움직임
- 해저 가까이에 서식

오징어

....

오징어는 가시 달린 두 개의 촉완과
그보다 짧은 8개의 다리를 갖고 있으며
다리에는 빨판이 나 있다. 오징어는 큰 눈을
이용해 물고기와 갑각류 같은 먹이를 찾아낸다.
상당수의 오징어 종은 동족을
먹이로 삼기도 한다.

오징어는 머리지느러미를 퍼덕이는 동시에
수관에서 물을 내뿜는 힘을 이용해 물속에서
재빨리 움직인다. 일부 오징어의 몸길이가
2.5센티미터에 불과한 데 비해 12미터가
넘게 자랄 수 있는 대왕오징어는
무척추동물 가운데 가장 크다.

사회적 동물에 속하는 오징어는 이따금
수천 마리씩 무리를 지어 헤엄쳐 다닌다.
녀석들은 몸 색깔을 눈 깜짝할 사이에 바꿔
구애와 사냥 신호를 보낸다. 이처럼 몸 색깔을
바꾸는 능력은 포식자의 눈을 피해 숨거나
먹이의 눈을 속이는 위장술에도 이용된다.

대왕오징어의 눈알은
그 어느 동물보다 크다.

갑오징어

오징어의 사촌뻘로 움직임이 둔한
갑오징어는 몸 색깔, 질감, 체형 변화를
통해 소통하는 특별한 능력이 있다.
갑오징어는 규칙적으로 진동하는
줄무늬와 금속성의 광택을 만들어 낼 수
있다. 또 표면이 가시로 뒤덮이거나
산호 형태를 띠기도 하고 매끄러워지기도
한다. 동시에 녀석들은 몸의 서로 다른
부위를 통해 다양한 신호를 보낼 수 있다.
수컷은 암컷처럼 보이도록 위장해
더 큰 수컷을 속일 수도 있다.

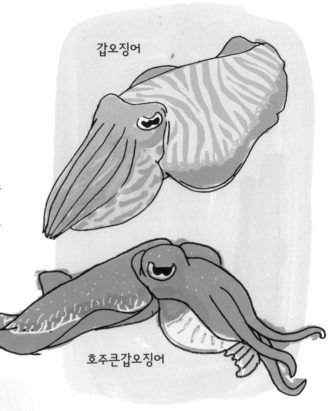

갑오징어

호주큰갑오징어

앵무조개

6종으로 알려진 앵무조개는
오랜 세월 동안 거의 변하지 않은
상태로 남아 있다. 다른 두족류와
마찬가지로 앵무조개 역시 큰 껍데기가
있어서 몸체를 보호하고 물에서
부력을 조절할 수 있다.

진주

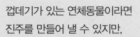

진주는 껍데기가 있는 연체동물의 살이
상처를 입거나 모래처럼 작은 자극물이
껍질 안에 들어갔을 때 내부에서 만들어진다.
조개는 껍데기 내부 벽면에 단단하게
자리 잡은 오색찬란한 진주층인 이른바
진주모를 쌓아 나간다.

껍데기가 있는 연체동물이라면
진주를 만들어 낼 수 있지만,
바다 진주조개와 민물 진주조개 중에 진짜 진주 원석을 만들어 내는 것은
서너 종에 불과하다. 이 같은 천연진주는 아름답지만 워낙 희귀해서 값이 비싸다.

대개는 진주조개 1천 개당 한 개의 천연진주가 발견된다.
매우 드문 일이지만, 대형 조개, 전복, 가리비, 분홍수정고둥,
거대한 바다 달팽이 몸에서 발견되기도 한다.

사람들은 진주조개에 조개껍데기나 은 등의 진주 핵을
넣어 그 주변에 1년 이상 진주층이 형성되도록 하여
반짝이는 결과물을 채취하는 방식으로 진주를
양식하기도 한다.

푸에르토 진주

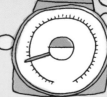

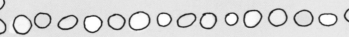

지금까지 발견된 가장 큰 천연진주인
푸에르토 진주(the Pearl of Puerto)는
기이한 형태에 무게가 32킬로그램 이상 나간다!

바다가재의 생김새

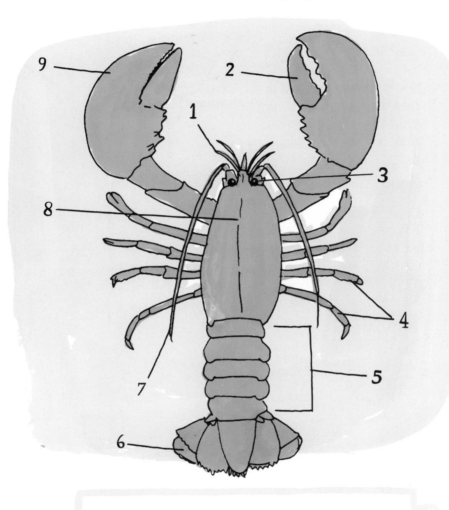

1. 작은더듬이
2. 집게발(움켜잡는 데 이용)
3. 눈
4. 걷는다리
5. 배

6. 꼬리다리
7. 더듬이
8. 등딱지
9. 집게발(먹이를 부수는 데 이용)

바다가재

이처럼 대형 갑각류는 **10**개의 다리를
갖고 있고, 그중 두 개의 다리에는
집게발이 달려 있다. 강력한 힘을 발휘하는
가재의 꼬리는 배에 연결되어 있다.
야행성인 가재는 물고기, 전복, 갯지렁이,
다른 갑각류, 해조류를 먹이로 살아간다.

**조건만 맞으면 바다가재 수명은
수십 년에 이를 수도 있다.**

새끼 가재는 몇 차례의 유생 단계를 거쳐
전형적인 바다가재의 모습을 갖춘다.
바다가재는 살아 있는 동안 외골격을
수십 차례 탈피하면서 끊임없이 성장한다.
탈피를 끝낸 바다가재는 자기가 벗어낸
껍데기를 먹기도 한다.

뉴질랜드
가시발새우

노르웨이
바다가재

쇠바다가재

미국바다가재

새우

새우는 다리가 10개이고 힘 좋은 꼬리를
이용해 헤엄을 치는 수많은 갑각류에
붙여진 일반적인 이름이다.
녀석들은 6밀리미터의 작은 황제새우부터
30센티미터의 보리새우에 이르기까지
크기 면에서 다양하다.

머리끝에 붙은 잘 발달한 눈은 폭넓은
시야를 제공해 준다. 새우는 두 쌍의
더듬이를 갖고 있다. 긴 더듬이는
어두운 바다 밑에서 방향을 잡는 데
이용되고 짧은 더듬이는 먹이를
탐색하는 데 이용된다.

딱총새우는 집게발이 닫히는
소리를 이용해 사냥하는데,
그 소리는 먹이를 기절시킬 만큼 크다.

새우는 헤엄다리를 이용해 물속에서 나아간다.
녀석들은 꼬리 전체를 휘두르듯 움직여
포식자에게서 잽싸게 도망친다.

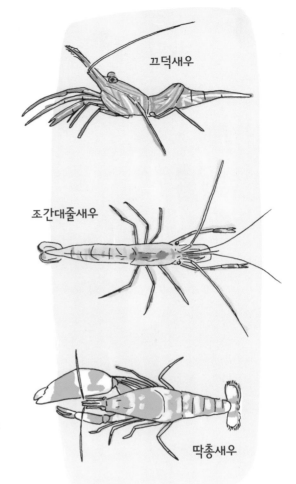

끄덕새우

조간대줄새우

딱총새우

새우의 생김새

갑각
배
이마뿔
눈
집게발
더듬이
헤엄다리
걷는다리
꼬리
꼬리다리

불가사리

어류와 전혀 거리가 먼 불가사리(starfish)는
성게와 같은 극피동물에 속한다.
불가사리는 대부분 5개의 팔을 갖고 있지만,
팔이 24개인 해바라기불가사리처럼
그보다 많은 수의 팔을 가진 불가사리도 있다.
불가사리의 표피는 거칠고 석회질로 이루어져
있다. 팔은 포식자가 손상을 입히더라도
다시 자랄 수 있다.

불가사리는 열대지방부터
극지방에 이르는 바다 밑에서
살아간다.

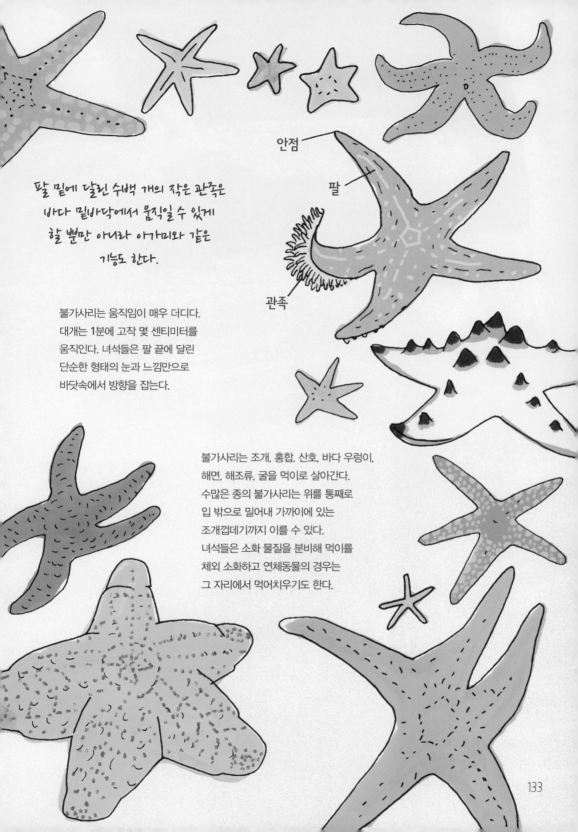

안점

팔

관족

팔 밑에 달린 수백 개의 작은 관족은
바다 밑바닥에서 움직일 수 있게
할 뿐만 아니라 아가미와 같은
기능도 한다.

불가사리는 움직임이 매우 더디다.
대개는 1분에 고작 몇 센티미터를
움직인다. 녀석들은 팔 끝에 달린
단순한 형태의 눈과 느낌만으로
바닷속에서 방향을 잡는다.

불가사리는 조개, 홍합, 산호, 바다 우렁이,
해면, 해조류, 굴을 먹이로 살아간다.
수많은 종의 불가사리는 위를 통째로
입 밖으로 밀어내 가까이에 있는
조개껍데기까지 이를 수 있다.
녀석들은 소화 물질을 분비해 먹이를
체외 소화하고 연체동물의 경우는
그 자리에서 먹어치우기도 한다.

133

말미잘

말미잘은 형형색색의 꽃처럼 보이지만, 자포동물로 불리는 바다 동물에 속한다.
여기에는 해파리와 산호도 포함된다.

1천 종의 말미잘은 돌, 산호, 조가비 따위에
붙거나 바다 밑바닥에 발을 묻은 채로
한자리에 오랫동안 머무른다.
그중 일부는 바닥에서 느릿느릿
기어 다니기도 하고 완전한 자유의
몸이 되어 더 좋은 서식지를
찾아 떠다니기도 한다.

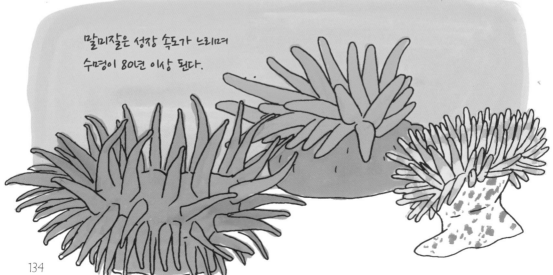

말미잘은 성장 속도가 느리며
수명이 80년 이상 된다.

독특한 무성생식을 하는 말미잘은
몸의 일부를 떼어내어 전혀 새로운
개체를 만들어 낼 수 있다.
개중에는 암컷과 수컷의 생식기관을
모두 가진 말미잘도 있고, 생애에 걸쳐
여러 차례 성을 바꾸는 말미잘도 있다.

말미잘은 수많은 촉수를 뻗어
플랑크톤, 작은 물고기, 갑각류,
연체동물을 잡아먹는다.
촉수마다 작지만 독을 내뿜는
침세포인 자포가 있어서 먹이를
마비시키거나 포식자를 막아낸다.
위협을 받으면 말미잘은 모든 촉수를
몸통 속으로 완전히 집어넣을 수 있다.

어떤 말미잘은
조류가 들어 있는 산호를 섭취해
당분과 산소를 얻는다.

흰동가리 외에도 작은 새우와
게를 비롯한 몇몇 동물은
말미잘의 촉수 사이에서
안전하게 살 수 있다.

바다거북 식별법

평균 몸길이/몸무게	머리	갑각
켐프각시바다거북 60센티미터 / 39킬로그램		
올리브각시바다거북 60센티미터 / 36킬로그램		
납작등바다거북 76센티미터 / 32킬로그램		
매부리바다거북(대모) 91센티미터 / 82킬로그램		
붉은바다거북 91센티미터 / 136킬로그램		
바다거북(푸른바다거북) 1.5미터 / 159킬로그램		
장수거북 2.1미터 / 0.5톤		

바다거북

공기로 호흡하는 파충류에 속하는
바다거북은 추운 극지방을 제외하면
어디서든 볼 수 있다.
녀석들은 먼 거리를 이동하느라
생애 대부분을 바다에서 보낸다.

바다거북에는 **7종**이 있으며
먹이는 종마다 다르다.

- 장수거북의 먹이는 해파리다.
- 매부리바다거북의 먹이는
  대개 해면이다.
- 바다거북은 어릴 때는
  동물과 식물을 모두 먹지만,
  성체가 되면 해초와 조류만
  먹는다.
- 붉은바다거북, 납작등바다거북,
  켐프각시바다거북,
  올리브각시바다거북은 물고기,
  새우, 조류, 해삼, 연체동물,
  자포동물, 불가사리, 해초,
  벌레 등을 먹이로 살아가는
  잡식성이다.

갑각

등줄기

꼬리

앞쪽
지느러미발

뒤쪽
지느러미발

분홍색 반점
(과학자들은 이런 반점 덕분에
바다거북이 계절의 변화를
감지할 수 있다고 본다)

장수거북

매부리바다거북

붉은바다거북

납작등바다거북

올리브각시바다거북

바다거북

먹이를 먹는 동안 바다거북은
30분가량 물속에 머물 수 있다.
놀랍게도 녀석들은 숨도 쉬지 않고
물속에서 4시간 이상 잠을 자기도 한다.

켐프각시바다거북

알을 낳을 준비가 되면 암컷은
한밤중에 안전한 해변으로 올라와
지느러미발로 구멍을 파고 50개에서
수백 개에 이르는 튼튼한 알을 낳는다.
암컷은 45~60일 동안 새끼가
안전하게 부화할 수 있도록
모래로 알을 덮어 위장한다.

해변이 따뜻하면 부화한 거북 새끼 중에
암컷이 더 많아지고 추우면 수컷이 더 많아진다.

갓 부화한 새끼 바다거북들은
대개 한밤중에 구멍에서 나와
안전한 바다를 향해 목숨을 건
전력 질주를 시도한다.
부화한 새끼의 절반 정도는
바다에 이르기도 전에
허기진 바닷새, 게,
포유류의 먹이가 되고 만다.

어린 바다거북은 성적으로 성숙해질 때까지 넓은 바다에서 살아간다.
바다거북은 15~20세에 이르면 알을 낳기 위해 연안 지역으로 이동한다.

돌고래, 상어, 바닷새, 범고래는 바다거북을 먹이로 살아간다. 이런 위험 요인 말고도
인류 문명 때문에 7종의 바다거북 중 6종이 위기근접종과 멸종위기종에 이르렀다.
고기와 껍데기를 얻기 위한 불법적인 밀렵, 낚싯줄과 그물의 위협, 연안 개발, 기후 변화,
오염 때문에 부화한 새끼 바다거북의 생존율은 1%도 되지 않는다.

대이동

. . . .

수많은 바다 동물은 먹이를 얻고 새끼나 알을 낳기 위한 최적의 서식지를 찾아
먼 거리를 이동한다. 과학자들은 전자감시시스템과 인공위성을 이용하여
몇 종의 바다 동물을 추적한 다음 이들이 움직인 대장정의 거리와 경로를 분석한다.

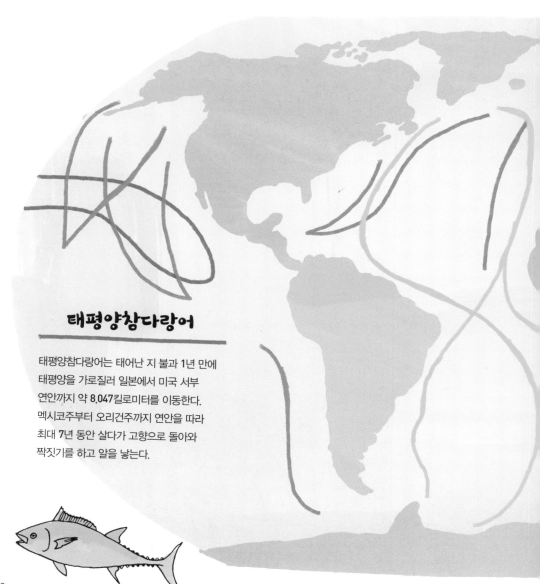

태평양참다랑어

태평양참다랑어는 태어난 지 불과 1년 만에
태평양을 가로질러 일본에서 미국 서부
연안까지 약 8,047킬로미터를 이동한다.
멕시코주부터 오리건주까지 연안을 따라
최대 7년 동안 살다가 고향으로 돌아와
짝짓기를 하고 알을 낳는다.

혹등고래

혹등고래는 포유류 가운데 가장 기나긴
여정에 오르는 것으로 알려져 있다.
녀석들은 한 해의 대부분을 수온이 너무 낮아
새끼를 기르기 어려운 바다에서 크릴과
작은 물고기를 잡아먹으며 살아간다.
이 때문에 짝짓기를 하고 새끼를 낳기
위해서는 적도 부근의 따뜻한 바다를 찾아
이동해야 한다. 남극 대륙에서 코스타리카에
이르거나 알래스카에서 하와이에 이르는
9,656킬로미터를 거의 쉬지 않고
5~8주 만에 이동한다.

북극제비갈매기

대장정의 최고 기록 보유자는 단연 북극제비갈매기다.
1년 동안 8만 467킬로미터 이상의
비행 기록을 남긴 바 있는 이들은
북극에서 남극까지 왕복으로 구불구불한
경로를 따라 넓은 바다 상공을 비행한다.
녀석들은 살아 있는 동안 160만 킬로미터
넘게 이동한다고 알려져 있다!

CHAPTER 6

산호초의 세계

산호초

산호초는 거초, 보초, 환초의 3가지 형태로 분류된다.

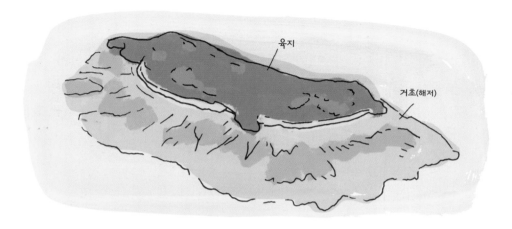

육지

거초(해저)

거초

거초는 산호초 가운데 가장 흔히 볼 수 있다.
해안가에서 바깥쪽으로 형성되기 때문에
거초와 육지 사이에는 아주 얕은 수역만 남는다.

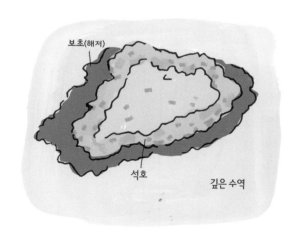

보초(해저)

석호

깊은 수역

보초

보초 역시 해안가를 끼고 형성되지만,
보초와 육지 사이에는 석호가 생긴다.

환초

환초는 석호를 에워싼 고리 모양의 섬을
가리킨다. 오랜 세월에 걸쳐 바다 화산이
해수면 밑으로 다시 가라앉으면서
그 주변에 형성된 산호초가 장벽처럼
남는다. 이런 산호초는 화산이 가라앉는
속도보다 빨리 자라 이른바 환초를
형성한다.

산호가 잘 자라려면 따뜻하고
깨끗한 물이 필요하며 대부분의
환초는 인도양과 태평양의 열대와
아열대 지역에서 나타난다.

환초 장벽 바깥쪽 가장자리에 있는
산호에는 생동감 넘치는 생태계가
남아 있지만, 외해가 막힌 안쪽의
산호는 죽기 십상이다.
석호의 멋진 터키석은 오래된
산호초에서 분해되는 석회암에서 나온다.

환초는 해수면 위로 4.6미터 이상
자라기 힘든 데다 높아지는 해수면
때문에 점차 물에 잠기고 있다.

환초의 형성 과정

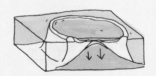

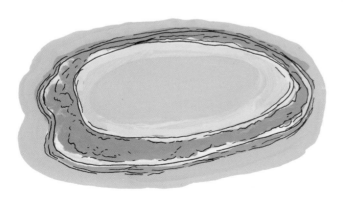

산호초 지대

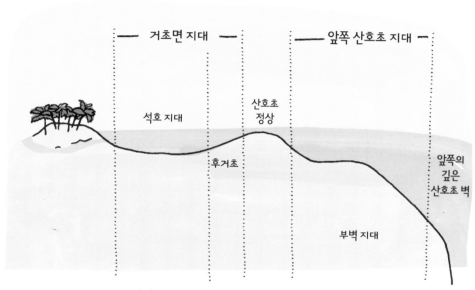

거초면 지대 ── ────── 앞쪽 산호초 지대 ──

석호 지대 산호초
정상

후거초 앞쪽의
깊은
산호초 벽

부벽 지대

산호초의 다양한 지대에서는 같은 종의 산호라도
다양한 형태를 띤다.

거초면(reef flat) 온도, 산소, 햇빛, 염분에서 다양한 분포를 보여 주는 비교적 극단적인 자연조건은
거초면이 그 밖의 산호초 지역보다 생물 다양성이 낮다는 것을 의미한다.

후거초(back reef) 수심이 얕고 파도가 덜 치는 후거초에는 살아 있는 산호와 죽은 산호 잔해로 이루어진
좁은 구역이 나타날 수 있다.

산호초 정상
(reef crest) 산호초 정상은 파도가 부서지는 산호초의 가장 높은 지점이다. 정상은 썰물 때 노출될 수
있으며, 이처럼 혹독한 조건은 이곳의 산호가 다른 곳보다 강하고 환경에 잘 적응한다는
것을 의미한다.

앞쪽의 깊은
산호초 벽 바다와 맞닿은 앞쪽의 산호초 지대에는 수직벽이나 급경사면이 형성될 수도 있다.
수심이 4.6~20미터에 이르는 이곳은 최고의 생물 다양성을 자랑한다.

산호충

산호충은 크기가 2.5밀리미터도
안 되는 단순한 동물이다. 군체를 이룬
수천 마리의 산호충은 산호의 구조를
형성한다. 산호충마다 침세포를 이용하여
먹이를 잡는 촉수, 입, 소화 섬유를
갖고 있다.

산호충은 살아 있는 조직으로 이루어진
가느다란 끈으로 연결되어 있으므로
산호 군체를 하나의 유기체로
볼 수도 있다.

산호 조직은 작은 식물 세포,
갈충조류의 은신처 역할을 한다.
산호와 조류는 상리공생 관계에 놓여 있다.
둘은 생존을 위해 서로 의지하며 살아간다.
산호는 조류에게 광합성에 필요한
화학물질과 안전한 환경을 제공한다.
조류는 산호에게 조직과 골격이 자라는 데
필요한 화합물을 제공한다. 이처럼 이로운
공생 관계는 산호초의 생산력을
더욱 높여준다.

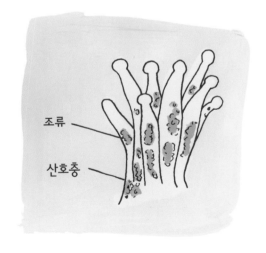

조류

산호충

산호

산호는 2,000종이 넘을 만큼 다양하다. 그중 절반가량은 단단한 석회질 골격으로 된
돌산호류이고 나머지 절반은 연산호류다.

돌산호류

선인장산호

상아산호

가지뿔산호

접시산호

파인애플산호

거품돌산호

기둥산호

뇌산호

사슴뿔산호

버섯산호

꽃돌산호

바늘산호

별산호

녹색수염산호

연산호류

청산호

케냐나무
진총산호

넓은그물
부채뿔산호

수지가죽산호

카리브회초리
산호

납작고르고니언산호

비너스
부채뿔산호

회초리
산호

수지산호

깃털산호

부채뿔산호

바다조름

산호초에서 살아가는 어류

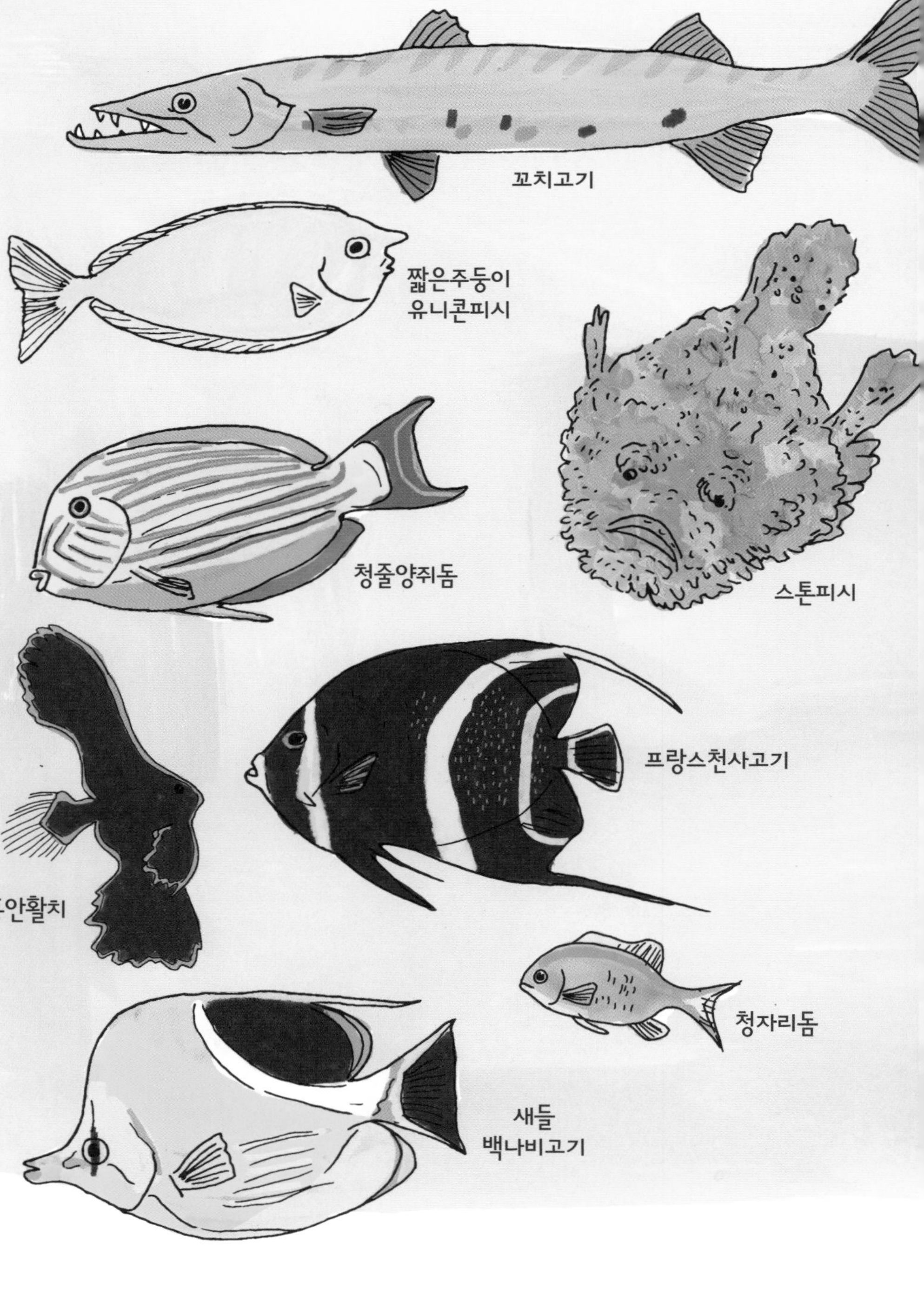

꼬치고기

짧은주둥이
유니콘피시

청줄양쥐돔

스톤피시

홍안활치

프랑스천사고기

청자리돔

새들
백나비고기

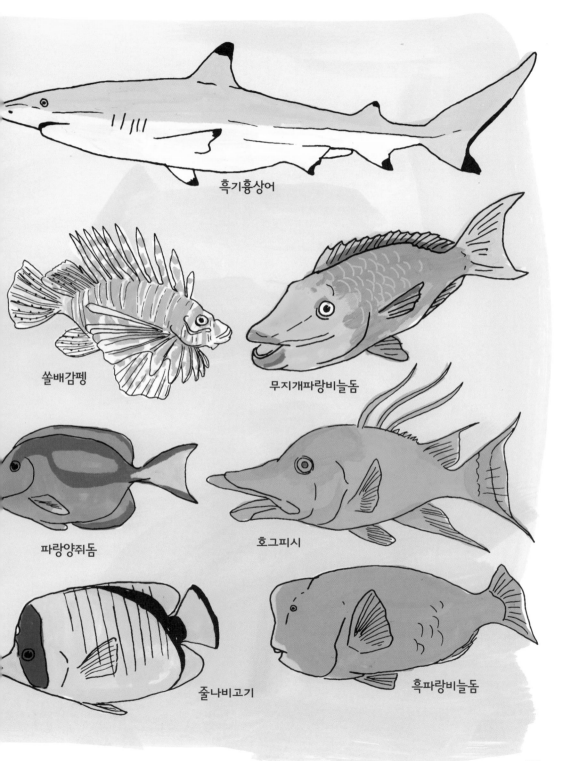

흑기흉상어

쏠배감펭

무지개파랑비늘돔

파랑양쥐돔

호그피시

줄나비고기

흑파랑비늘돔

그레이트 배리어 리프
(Great Barrier Reef)

호주 동부 해안을 따라 형성된 산호초로, 동물에 의해 만들어진 세계 최대의
자연 구조물이다. 길이가 2,253킬로미터이고 넓이는 캘리포니아주와 비슷한
그레이트 배리어 리프는 전 세계에서 가장 큰 산호초 단지로 꼽힌다.

이처럼 경이로운 자연계는 약 3,000종의 어류, 215종의 바닷새, 400종의 산호,
수백 종의 연체동물과 해조류에 이르기까지 놀라울 정도로
다양한 생명체를 불러들인다.

그레이트 배리어 리프에서 볼 수 있는
대규모의 살아 있는 산호초 구조는
대부분 6,000년 정도 된 것들이다.

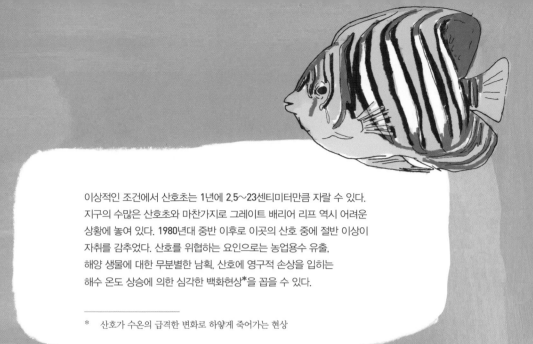

이상적인 조건에서 산호초는 1년에 2.5~23센티미터만큼 자랄 수 있다.
지구의 수많은 산호초와 마찬가지로 그레이트 배리어 리프 역시 어려운
상황에 놓여 있다. 1980년대 중반 이후로 이곳의 산호 중에 절반 이상이
자취를 감추었다. 산호를 위협하는 요인으로는 농업용수 유출,
해양 생물에 대한 무분별한 남획, 산호에 영구적 손상을 입히는
해수 온도 상승에 의한 심각한 백화현상*을 꼽을 수 있다.

---

* 산호가 수온의 급격한 변화로 하얗게 죽어가는 현상

해마의 생김새

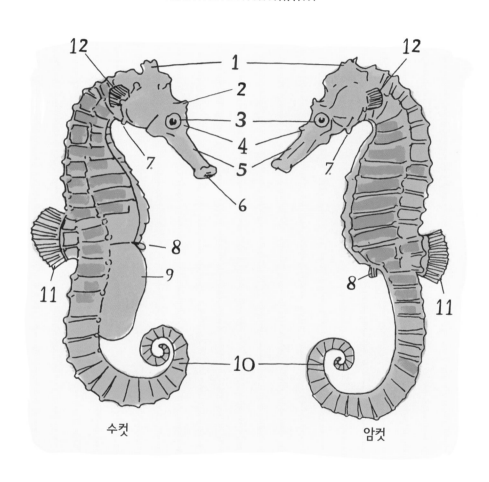

수컷   암컷

1. 정관   5. 주둥이   9. 육아낭
2. 눈의 가시   6. 입   10. 꼬리
3. 눈   7. 볼가시   11. 등지느러미
4. 코의 가시   8. 뒷지느러미   12. 가슴지느러미

해마는 몸을 꼿꼿이 세우고 헤엄을 치는 작은 경골어류로 비늘 대신 가죽으로 덮여 있다. 녀석들은 긴 주둥이로 좋아하는 먹이를 빨아들인다.

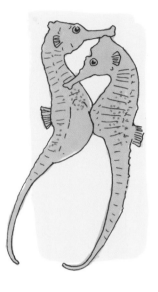

반복적인 동작, 꼬리 잡기, 몸의 색 변화, 나선형 춤으로 이어지는 지루할 만큼 길고도 정교한 구애 행위가 끝나면 암컷 해마는 수컷의 몸 앞쪽에 붙은 육아낭 속에 알을 낳는다. 수컷의 육아낭 속에서 수정된 알은 완전한 부화 과정을 거쳐 수십 마리의 아주 작은 새끼들로 태어난다.

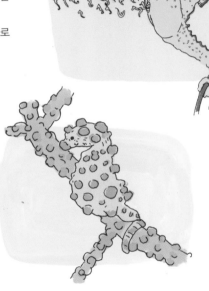

나뭇잎해룡

나뭇잎 모양의 부속기관 때문에 물에 떠다니는 해조류처럼 보여서 포식자와 먹잇감을 모두 속일 수 있다.

피그미해마

몸길이가 2.5센티미터도 안 되는 이 해마는 몸 색깔과 질감을 은신처인 산호에 완벽하게 맞춘다.

해면

해면은 심장, 뇌, 위도 없이 살아가는
단순한 형태의 해양 동물이다.
몸의 작은 구멍을 통해 흘러들어 온 바닷물이
해면의 먹이가 되는 산소, 박테리아,
플랑크톤을 실어다 준다. 수많은 해면 종은
어릴 때는 물속에서 자유롭게 떠다니지만,
성체가 되면 바닥에 들러붙어 영구 정착한다.

얕은 물에서 살아가는 일부 해면은
햇빛으로 양분을 만들어 내는 조류를
세포 속으로 끌어들여 이익을 얻는다.
소수이기는 하지만 몇몇 종은 작은
갑각류를 잡아먹는 육식성이다.

일부 지역의 해면은 청소 도구로
이용하려는 인간의 오랜 채취 행위로
훼손되어왔다.

녹색해면

짜내면 자주색
액체가 나온다.

해면에서 떨어져 나온 작은 조각도
완벽한 개체로 재생될 수 있다.

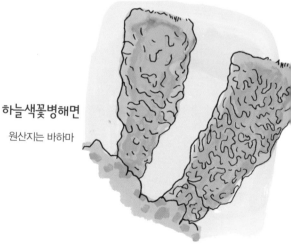

하늘색꽃병해면

원산지는 바하마

가지관해면

카리브해, 미국 플로리다, 버뮤다,
바하마 등지에 서식

검은공해면

카리브해의 얕고 따뜻한
바닷속에서 볼 수 있다.

해초

SEAGRASS

할로둘 피니폴리아
(HALODULE PINIFOLIA)

할로필라 마이너
(HALOPHILA MINOR)

키모도케아 로툰다타
(CYMODOCEA ROTUNDATA)

달아소덴드론 칠리아툼
(THALASSODENDRON
CILIATUM)

해초는 해조류와 달리 해수면 밑에서
살아가면서 가루받이를 하는 진정한
꽃식물이다.

지구상에는 **60**여 종의 해초가 존재한다.
성장에 필요한 햇빛을 얻기 위해 해초는
해변 근처의 얕고 안전한 곳에 있는
모래나 진흙에 뿌리를 내린다.

해초가 무성하게 우거진 해초밭은
온갖 물고기, 연체동물, 벌레, 조류를
불러들여 풍요로운 환경을 만든다.
해초는 매너티, 바다거북, 바닷새,
게, 성게의 중요한 먹이다.

해초밭은 바닷속 미립자를 모아들이고
거친 파도를 가라앉혀 근처의
산호초에 도움을 준다.
해초지(seagrass bed)에 퇴적물이
쌓이면서 정화된 바닷물은 해초와
산호의 광합성에 도움을 준다.

갯민숭달팽이

3,000종의 갯민숭달팽이는 눈부신 형광색과
환상적인 모양새를 자랑한다. 갯민숭달팽이는
남극 대륙에서 열대에 이르는 바다에서 살아가며
산호초로 이루어진 열대지방의 얕은 수역에서
최대의 개체 수를 보여 준다. 육지 달팽이와
친척 관계인 이 갯민숭달팽이는 치설이라
불리는 혀를 갖고 있다. 치설에는 줄 모양의 이가
많이 붙어 있어 먹이를 긁어내는 역할을 한다.
갯민숭달팽이는 해면, 해파리, 산호, 말미잘,
다른 갯민숭달팽이까지도 먹이로 삼는다.
녀석들은 후각과 미각에 예민한 촉수를 이용해
먹이를 찾아낸다. 촉수는 머리 꼭대기에 붙어
있으며 몸통 안으로 집어넣을 수도 있다.

갯민숭달팽이에게는 껍데기가 없어서
다른 방식으로 자기방어를 해야만 한다.
독을 내뿜는 해파리를 먹이로 하는 종은
해파리로부터 먹이를 찔러 마비시키는
침 세포인 자포를 얻어 표면에 있는 돌기에
모아 둔다. 이처럼 독이 있는 조류나 해면을
먹이로 하는 일부 종은 먹이로부터 독소를 얻어
특별한 분비샘에 저장해 두었다가 자기방어에
이용한다.

갯민숭달팽이 개체는 암수 양쪽의 생식기관을
모두 갖춘 자웅동체(암수한몸)이므로 다 자란
두 마리의 갯민숭달팽이는 언제든 짝짓기가
가능하다.

로치갯민숭달팽이

대서양청룡
하늘소갯민숭이

하늘소갯민숭이

아트로마지나타
갯민숭이달팽이

호랑나비갯민숭달팽이
(Cyerce Nigra)

난황혹갯민숭이

가시능선갯민숭이

굴껍질갯민숭이달팽이

빨간테능선
갯민숭이

콜레마니
하늘소갯민숭이

불꽃갯민숭이

일부 종은 산호나 암초에 붙여 둔 반시계 방향으로 꼬인 나선형의 긴 리본 속에 알을 낳는다.
갯민숭달팽이 알 무더기는 감쪽같이 위장한 경우도 간혹 있지만,
대개는 눈부실 정도로 화려한 색채를 자랑한다.

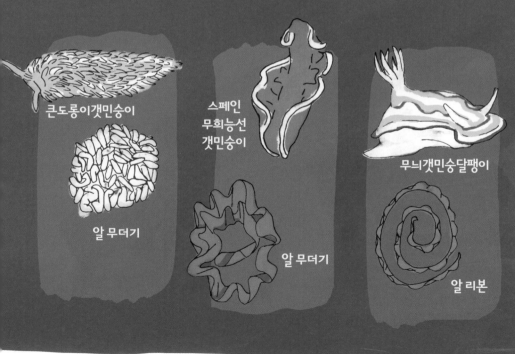

큰도롱이갯민숭이

스페인
무희능선
갯민숭이

무늬갯민숭달팽이

알 무더기

알 무더기

알 리본

CHAPTER 7

겨울왕국

SEA ICE

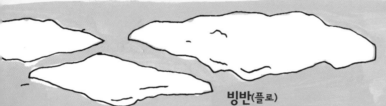

결정얼음(프레이질)

바다에 떠다니는 원반이나
못처럼 생긴 작은 얼음 결정

빙반(플로)

폭이 20미터부터 몇 킬로미터에
이르는 거대하고 평평한 얼음 조각

초기해빙(닐라스)

파도에 휘거나 구부러지는
두께 10센티미터 미만의 얼음막

팬케이크 얼음

파도에 의해 둥그스름한 덩어리로
압축된 닐라스나 그리스 얼음.
두께는 10센티미터 미만이고
폭은 30~274센티미터가량 된다.

닻얼음(앵커)

해저에 형성된 얼음덩어리

해빙

해빙은 형성 시기, 주변의 기온, 파도의 작용, 강우량에 따라 다양한 형태를 띤다.
지구상에 있는 바다의 **15%**는 계절에 따라 얼음으로 뒤덮인다. 북극에 가까운 북극해와
남극을 에워싼 남극해는 거의 1년 내내 해빙으로 덮여 있다.

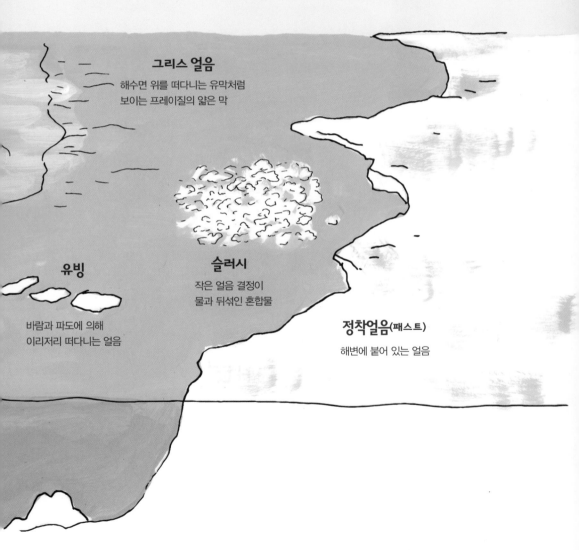

그리스 얼음

해수면 위를 떠다니는 유막처럼
보이는 프레이질의 얇은 막

유빙

바람과 파도에 의해
이리저리 떠다니는 얼음

슬러시

작은 얼음 결정이
물과 뒤섞인 혼합물

정착얼음(패스트)

해변에 붙어 있는 얼음

얼음 밑에서 살아가는 생명체

극지방에서 흔히 볼 수 있는 얼음은 극단적인
자연환경을 상징하는 냉혹한 풍경이다.
하지만 두꺼운 얼음 밑에서도 기상천외한 색채와
형태를 띠는 수많은 해양 생명체가
활기를 띠며 살아간다.

남극빙어

차디찬 영하 1.7도의 바닷물에서도
많은 해양 동물이 먹이를 먹고 새끼를 기르며
이곳을 터전으로 삼아 살아간다.

남극문어

바다대벌레

남극돛양태

거미불가사리

불가사리

가리비

거미불가사리를 비롯한 불가사리는
흔한 가리비나 성게 따위의 먹이를
실컷 즐기다가도 저희끼리 마주치면
서로 잡아먹기도 한다.

166

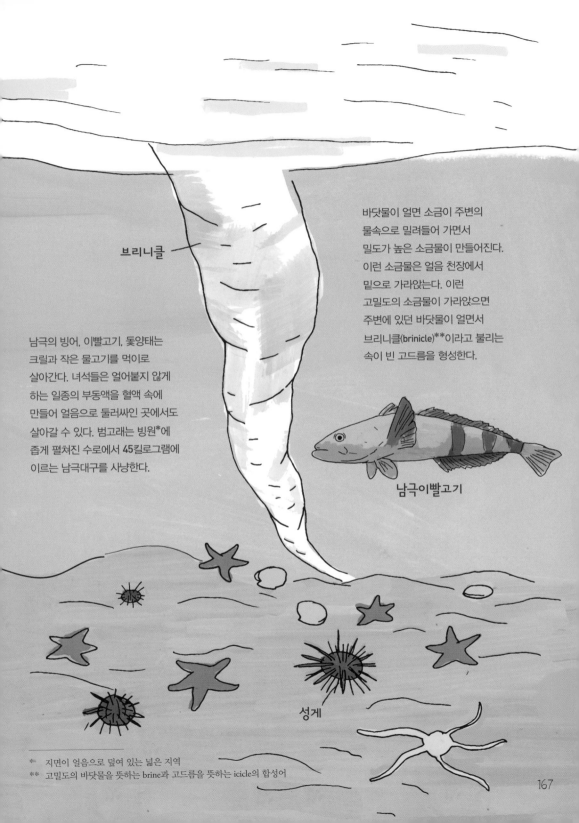

브리니클

바닷물이 얼면 소금이 주변의
물속으로 밀려들어 가면서
밀도가 높은 소금물이 만들어진다.
이런 소금물은 얼음 천장에서
밑으로 가라앉는다. 이런
고밀도의 소금물이 가라앉으면
주변에 있던 바닷물이 얼면서
브리니클(brinicle)**이라고 불리는
속이 빈 고드름을 형성한다.

남극의 빙어, 이빨고기, 돛양태는
크릴과 작은 물고기를 먹이로
살아간다. 녀석들은 얼어붙지 않게
하는 일종의 부동액을 혈액 속에
만들어 얼음으로 둘러싸인 곳에서도
살아갈 수 있다. 범고래는 빙원*에
좁게 펼쳐진 수로에서 45킬로그램에
이르는 남극대구를 사냥한다.

남극이빨고기

성게

* 지면이 얼음으로 덮여 있는 넓은 지역
** 고밀도의 바닷물을 뜻하는 brine과 고드름을 뜻하는 icicle의 합성어

빙하
. . . .

빙하는 해마다 내리는 눈이 여름에도 완전히 녹지 않는 지역에서 형성된다. 눈이 켜켜이 쌓이다 보면
무게에 짓눌려 얼음으로 굳는다. 남극 대륙 같은 곳에서는 이런 얼음이 수천 미터 두께로 커진다.

이렇게 거대한 얼음덩어리가 오랫동안 산골짜기에 쌓이면 비탈을 따라 서서히 흘러내리게 된다.
이런 곡빙하(valley glacier)는 날마다 적게는 몇 센티미터에서 많게는 수십 미터까지 이동한다.

빙하는 언제나 담수성 얼음으로 만들어진다. 빙하가 바다로 흘러들면 해안빙하로 불린다.
빙벽이 바다에 이르면 빙하 분리 과정에서 얼음덩어리가 떨어져 나온다.

빙산

비탁상형
빙산

빙산은 빙하나 빙붕*에서 떨어져 나와 바다 위를 떠다니는 거대한 담수성 얼음을 가리킨다.
해수면 위로 보이는 빙산은 전체의 8~13%에 불과하며, 이 때문에 선박과 충돌하는 일이 벌어진다.
평균 높이보다 상당히 길고 윗부분과 옆부분이 평평한 빙산은 탁상형빙산이라고 부른다.
반면에 쐐기, 반구, 뾰족한 봉우리, 블록의 형태는 비탁상형빙산이라고 부른다.

---

*   남극 대륙과 이어져 바다에 떠 있는 300~900미터 두께의 얼음덩어리

큰 소리로
울부짖는다.

귓바퀴가 보인다.

캘리포니아바다사자

육지에서는
지느러미발로 걷는다.

크고 털이 없는
지느러미발

바다사자와
물범(바다표범) 비교

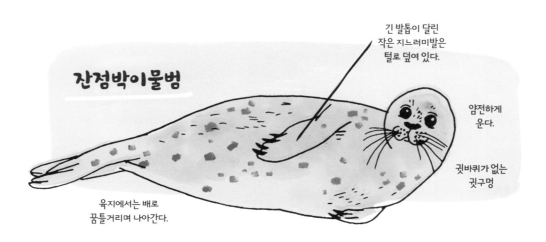

긴 발톱이 달린
작은 지느러미발은
털로 덮여 있다.

잔점박이물범

얌전하게
운다.

귓바퀴가 없는
귓구멍

육지에서는 배로
꿈틀거리며 나아간다.

물범, 바다사자, 바다코끼리는
바닷속을 오가는 해양 포유류에
속하지만 지느러미발이 달린 4개의
발을 갖고 있다. 녀석들은 물고기,
오징어, 갑각류, 연체동물을 먹이로
살아간다. 이들 해양 동물은
기각류로 분류된다.

진화론적으로 볼 때,
기각류와 가장 가까운 친척은
곰과 너구리다.

뉴질랜드바다사자
수컷 318~450킬로그램
암컷 82~91킬로그램

남방물개
수컷 200~350킬로그램
암컷 136~150킬로그램

기각류는 육지에서는 움직임이 둔하지만
물속에서는 매우 빠르고 날렵해서
돌고래를 능가할 정도로 유연하고
민첩한 곡예를 펼친다.
녀석들은 청각, 후각, 시각이 뛰어나며
콧수염과 코털로도 먹잇감을
감지할 수 있다.

기각류는 대개 극지방에 가까운
차가운 바다를 좋아한다.
녀석들의 몸은 지방층이 두터운 데다
바다코끼리를 제외하면
덥수룩한 털로 덮여 있어서
차가운 바닷물에서도
따뜻한 체온을 유지할 수 있다.

갈라파고스물개
약 50~250킬로그램

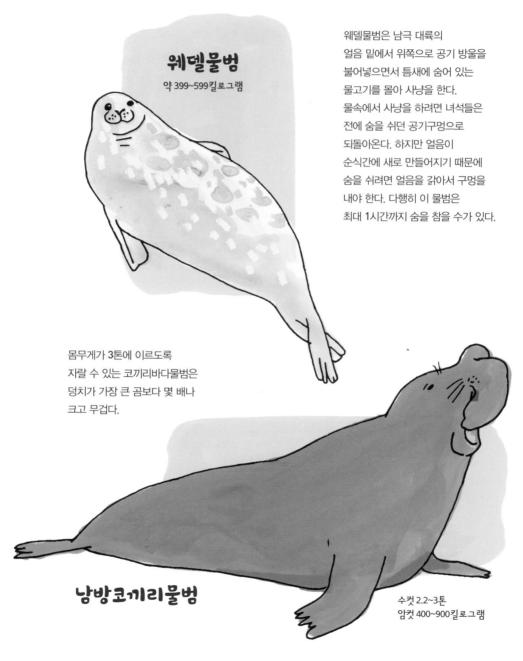

웨델물범

약 399~599킬로그램

웨델물범은 남극 대륙의
얼음 밑에서 위쪽으로 공기 방울을
불어넣으면서 틈새에 숨어 있는
물고기를 몰아 사냥을 한다.
물속에서 사냥을 하려면 녀석들은
전에 숨을 쉬던 공기구멍으로
되돌아온다. 하지만 얼음이
순식간에 새로 만들어지기 때문에
숨을 쉬려면 얼음을 갉아서 구멍을
내야 한다. 다행히 이 물범은
최대 1시간까지 숨을 참을 수가 있다.

몸무게가 3톤에 이르도록
자랄 수 있는 코끼리바다물범은
덩치가 가장 큰 곰보다 몇 배나
크고 무겁다.

남방코끼리물범

수컷 2.2~3톤
암컷 400~900킬로그램

두건물범
수컷 300~408킬로그램
암컷 136~300킬로그램

수컷 두건물범은 한쪽 콧구멍을 통해
비중격이라 불리는 코의 막을
부풀려 선홍색 주머니를 만든다.
이런 주머니는 암컷을 유혹하거나
다른 수컷이 접근하지 못하도록
경고하는 역할을 한다.

헤엄치는 기운을 아끼려고 물범은
중간에 물에서 뛰어오르기도 하고
파도를 타고 해안으로 되돌아오기도
한다. 특수한 혈액, 폐, 심장, 정맥을
가진 일부 물범은 해수면 아래로
수심 1,000미터 이상도 잠수할 수 있다.

북방물개
수컷 181~272킬로그램
암컷 30~50킬로그램

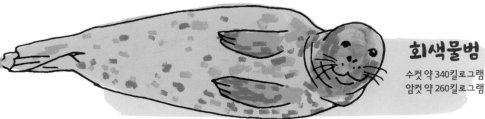

회색물범
수컷 약 340킬로그램
암컷 약 260킬로그램

고리무늬물범
(반달무늬물범)
약 50~68킬로그램

흰띠백이물범
(리본물범)
약 90~150킬로그램

얼룩무늬물범
약 200~600킬로그램

바다코끼리
약 600~1497킬로그램

외뿔고래(일각돌고래)

이처럼 작은 북극고래에게는 두드러진 특징이 있다. 수컷 외뿔고래의 왼쪽 앞니는 윗입술에서
반시계 방향으로 나선을 그리며 약 2.4미터까지 자란다.

외뿔고래의 변형된 이빨은 동물의 세계에서는 유일한 일자형 엄니다. 이 엄니의 용도는
수백 년 동안 논쟁거리로 남아 있었다. 엄니가 사회적 지위나 짝짓기 상대를 얻는 일과 관련이 있을까?
하지만 외뿔고래가 엄니를 이용해 싸우는 모습은 한 번도 목격된 적이 없다. 그렇다면 엄니는 바닷물의
수온이나 염분에 관한 정보를 제공해 급속도로 얼어붙는 얼음 밑에 갇히지 않도록 해주는 역할을
하는 걸까? 2017년에야 비로소 이에 대한 명쾌한 해답을 얻었다. 외뿔고래가 북극대구를
엄니로 쳐서 기절시켜 먹는 모습이 연구용 드론에 찍힌 것이다.

외뿔고래는 바다의
유니콘이라 불린다.

외뿔고래 두개골

펭귄

황제펭귄

펭귄은 대부분 멀리 떨어진 남반구의
차가운 바다에서 살아간다.
녀석들은 수백 마리에서 수천 마리에
이르는 개체가 무리를 이루며
해안가에서 새끼를 낳아 기른다.

임금펭귄

젠투펭귄

펭귄은 날지 못하고 걷는 것도 서툴다.
녀석들은 육지에서의 서툰 걸음을
바다에서 헤엄치고 사냥하는 속도로
만회한다. 펭귄은 날개를 퍼덕여
마치 물속에서 나는 것처럼 재빨리
앞으로 나아간다.

바다로 나간 펭귄은 몇 달이고 머물며
오징어, 물고기, 크릴 따위를 먹고
살을 찌운다. 부드러운 깃털이
촘촘히 덮인 외피에 공기를 가두어
따뜻한 체온을 유지하고 물에
뜰 수 있다.

마카로니펭귄

펭귄의 배는 하나같이 흰색이고 등은
검은색이다. 방어피음이라 불리는 이런
역그늘색(countershading)은 먹이를
사냥하거나 상어, 범고래, 얼룩무늬물범 같은
포식자에게 혼란을 주는 위장술로 이용된다.
흰색 배는 아래쪽에서 보면 밝게 빛나는
바닷물 표면과 흡사한 반면, 검은색 등은
위쪽에서 보면 깊은 바다 같다.

훔볼트펭귄

펭귄은 미끄러운 얼음판 위에서는 배를
바닥에 대고 미끄러지듯 움직이면서 에너지를
아낀다. 펭귄의 이런 모습은 마치 앞부분이
위로 구부러진 터버건(toboggan)이라는
썰매를 타는 것 같다.

펭귄은 암수가 함께 새끼를 기른다.
대부분의 펭귄 종은 암컷과 수컷 모두
알을 품는다. 녀석들은 똑바로 선 채로
두 발과 따뜻한 배의 깃털 사이에
알을 바짝 들여놓는다. 새끼 펭귄이
알에서 나오면 부모 펭귄은 번갈아 가며
바다로 나가 물고기로 배를 채우고
돌아와 부화한 새끼에게 먹은 것을
게워 낸다.

황제펭귄	임금펭귄	젠투펭귄	마카로니펭귄	훔볼트펭귄
1~1.3미터	91센티미터	49~91센티미터	61센티미터	55~61센티미터

펭귄의 크기 비교

북극곰

북극곰은 북극의 해빙에서 아주 많은 시간을 보내기 때문에 해양 포유류로 분류된다.
북극곰의 튼튼하고 짧은 발톱과 털로 덮인 큰 발은 눈과 미끄러운 얼음 위를
걷기 위해 적응한 결과다.

북극곰은 바닷물 속에서 수백 킬로미터 이상을 이동할 수 있다. 녀석들의 큰 발은 완벽한
물갈퀴 역할을 해주고 두꺼운 지방층은 차가운 바닷물에서도 체온을 유지할 수 있게 해준다.
보온 능력이 매우 좋아 기온이 섭씨 10도를 넘으면 오히려 더위를 느낄 정도다.

피부는 햇빛을 흡수하는 검은색이고
털은 빛을 반사하는 흰색이어서
북극곰은 1년 내내 하얗게 보인다.
교활한 사냥꾼으로 통하는 북극곰은
몇 가지 영리한 방법을 써서 좋아하는 먹이인
고리무늬물범, 하프물범, 잔점박이물범,
턱수염물범을 잡는다.

북극곰의 코 내부 표면적은 사람의 코보다
100배 정도 크다. 녀석들의 코는 눈 밑에
숨어 있는 물범의 냄새를 맡을 수 있을 만큼
예민하게 발달해 있다.

사냥을 마치고 나면 북극곰은 대개 눈에다 몸을 문질러 털에 묻은
물범의 피를 닦아 내는 눈 목욕을 한다.

임신한 암컷 북극곰은 눈과 얼음에
굴을 판다. 녀석들은 이런 은신처에
머물며 새끼에게 젖을 먹이는
처음 몇 달 동안은 아무것도
먹지 않는다. 대부분 두 마리로
태어난 북극곰의 새끼는
2년 6개월 정도를 어미와
함께 지낸다.

주변이 온통 마실 수 없는 바닷물뿐이어도
북극곰은 먹이인 물범의 지방에서 물을 얻을 수 있다.

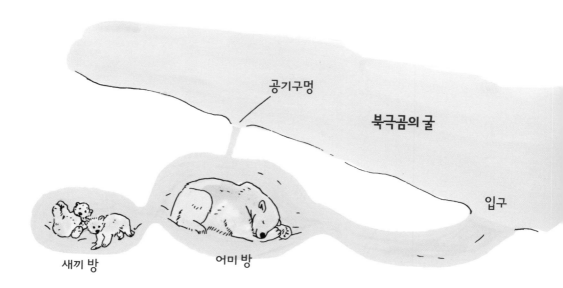

공기구멍

북극곰의 굴

입구

새끼 방

어미 방

인간에 의한 기후 변화로 북극의 기온이 상승하면서 해빙이 녹아 북극곰이 먹이를
구하는 일에도 적신호가 켜졌다. 줄어드는 빙하로 고영양 섭취에 필요한 충분한 수의
물범을 사냥할 수 없게 된 것이다. 이 때문에 북극곰이 다 자라더라도 과거보다는
몸집이 작고 건강 상태도 좋지 않다. 어떤 무리에서는 어미가 굴속에서 새끼를
먹이고 기를 만큼 충분한 체지방을 축적하지 못하기도 한다. 새끼의 생존율이
떨어지고 있는 데다 다 자란 북극곰마저 얼음이 없는 여름에 살아남을 가능성이
줄어드는 실정이다. 결국 북극곰 전체의 건강이 위협을 받는 셈이다.

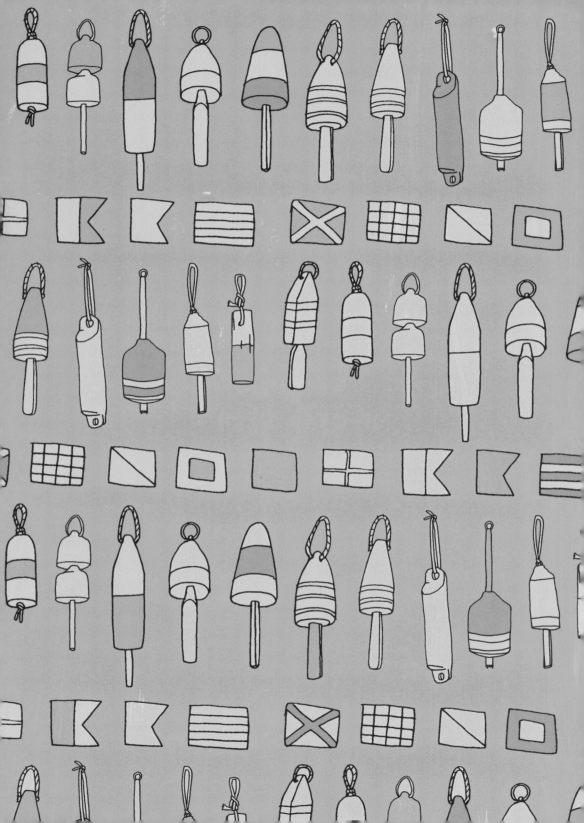

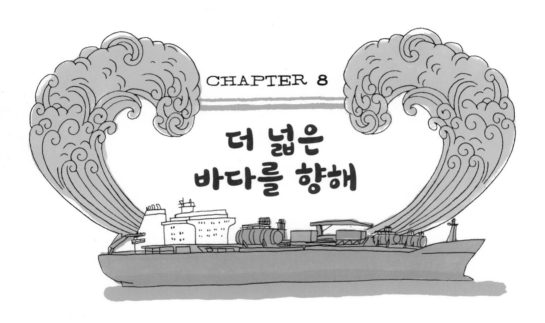

CHAPTER 8

더 넓은
바다를 향해

환경 훼손이 적은 어업

수만 년에 걸쳐 인간은 바닷고기를 잡는 기발한 방법을
수없이 찾아냈다. 창, 작살, 손으로 만든 그물, 조개 갈퀴,
바늘이 달린 낚싯대와 낚싯줄은 좀 더 지속가능한
고기잡이 방식에 해당한다.

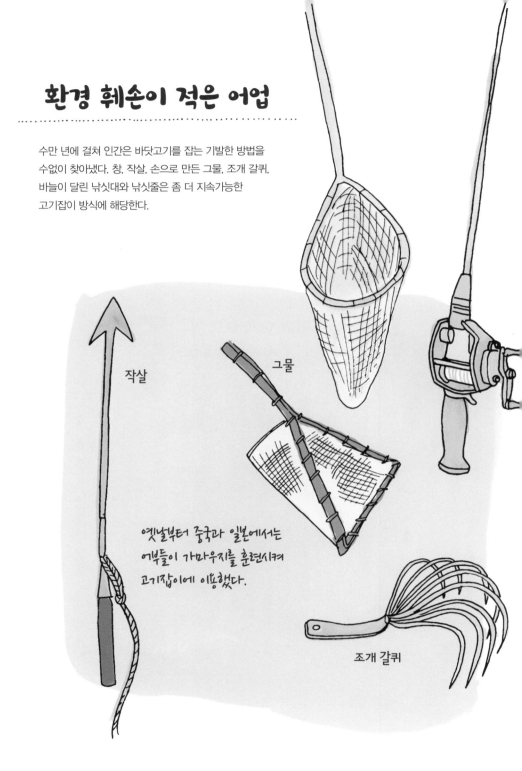

작살

그물

옛날부터 중국과 일본에서는
어부들이 가마우지를 훈련시켜
고기잡이에 이용했다.

조개 갈퀴

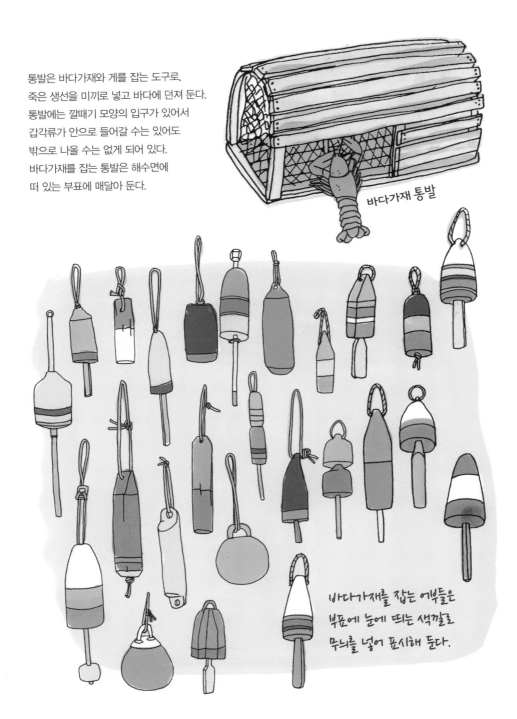

통발은 바다가재와 게를 잡는 도구로,
죽은 생선을 미끼로 넣고 바다에 던져 둔다.
통발에는 깔때기 모양의 입구가 있어서
갑각류가 안으로 들어갈 수는 있어도
밖으로 나올 수는 없게 되어 있다.
바다가재를 잡는 통발은 해수면에
떠 있는 부표에 매달아 둔다.

바다가재 통발

바다가재를 잡는 어부들은
부표에 눈에 띄는 색깔로
무늬를 넣어 표시해 둔다.

환경 훼손이 많은 어업

지난 200년 동안 상업주의 어업은 세계의 어류 개체 수에 부정적인 영향을 미쳤다.
떠다니는 공장과도 같은 대형 선박이 오랜 기간 바다에 머물며 수백 톤의 물고기를 잡아
배 위에서 세척과 가공까지 마친 다음 이를 냉동고에 보관한다.

연승어업에서는 미끼를 매달아 둔 수천 개의 갈고리가 달린
질긴 낚싯줄을 48킬로미터까지 길게 늘어뜨린다.

선망어업을 하는 선박은 바닥에 단단히 고정한 1.6킬로미터 길이의 그물망을 펼쳐 놓는다. 그물망을 배 위로 다시 끌어당기면 참치, 정어리, 오징어처럼 상업적 가치가 있는 수천 마리의 물고기가 올라온다. 이런 어업 방식은 해마다 수십만 마리의 '원치 않는' 물고기와 바닷새, 바다거북, 상어, 돌고래, 물범, 고래를 죽음으로 몰고 간다.

상업주의 어업에서는 전체 어획량의 40%에 이르는 의도하지 않은 어획물이 폐기 처분된다.

저인망*을 이용한 저인망어업은 해저의 취약한 생태계에 영구적인 손상을 입힐 수 있다.

---

* 배에 매달아 바닷속을 끌고 다니며 수산물을 끌어 담는 구조의 어망

등대

등대는 경고등을 이용하여 바다에서 크고 작은 선박이 암초와 그 밖의 위험을
피할 수 있도록 도움을 준다.

캐나다 노바스코샤의
웨스턴브라이어아일랜드

포르투갈의
아비에루

미국 매사추세츠의
레이스포인트

미국 캘리포니아의
LA항구

미국 캘리포니아
산타크루즈의 월턴

미국 뉴욕의
포트워싱턴파크

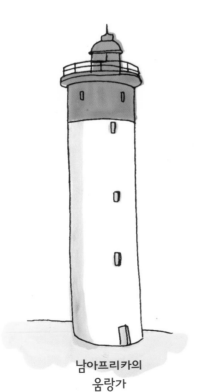

남아프리카의
움랑가

캐나다 노바스코샤의
페기스포인트

조금씩 이동 중인
케이프해터러스 등대

1803년 이후 해터러스곶(Cape Hatteras)의 해안선은 내륙 쪽으로 1.6킬로미터 이상
이동했다.

해발 63미터 높이에 자리 잡은 노스캐롤라이나주의 케이프해터러스 등대는
미국에서 가장 높은 등대로 꼽힌다. 1870년 해안에서 400미터 이상 떨어진 곳에
지은 등대의 하부구조는 130년 넘게 이루어진 해안선 침식으로 결국 파도의 위협을
받게 되었다.

1999년에 미국국립공원관리청은 등대를 안전한 육지 쪽으로 914미터 가까이
옮기는 데 성공했다.

현재 등대는 해발 488미터 위치에 있으나
점점 빨라지는 해수면 상승 속도를 감안하면
100년 안에 또다시 바다의 위협을
받게 될 것으로 보인다.

바다를 연구하는 해양학자

현대 해양학이 등장하기 전까지는 해안의 얕은 곳을 제외하면 바다에 대해 알려진 바가
거의 없었다. 1872년 영국의 HMS 챌린저호는 세계 최초로 과학적인 해양 탐사에
나선 것으로 기록된다. 챌린저호는 4년 넘게 12만 8,750킬로미터 이상 항해하며
수천 종의 새로운 생물 종을 발견하고 생태계, 바다의 깊이, 수온, 구성성분과 관련된
수백 차례의 실험을 했다.

오늘날 해양학자들은 수십 척의 현대식 선박에서 최첨단 기술을 동원해 바다를 연구한다.
기후 변화가 진행됨에 따라 해양학은 결정적으로 중요한 사실을 입증하고 있다.
그것은 지구에서 바다가 열과 이산화탄소의 최대 저장소라는 점이다.
따라서 바다가 품은 잠재력을 이해하는 일이야말로 미래의 부정적인 결과를
최소화할 수 있는 실마리가 될 수 있다.

1870년대의 HMS 챌린저호

해양생물학자

해양생물학자는 바다 생명체를 연구한다.

마르타 폴라 *Marta Pola*

스페인 마드리드 자치대학의
나새류 전문가.
"나새류는 화려하고 다양할 뿐만 아니라
환경을 판단할 수 있는 더할 나위 없이
훌륭한 지표이기 때문에 흥미로운
연구 대상이다."
모잠비크와 필리핀에서의 연구 활동으로
그녀가 속한 연구팀은 60종이 넘는
새로운 나새류를 발견했다.
"어쩌면 앞으로 찾아낼 나새류에서
암 치료제가 나오게 될지도 모른다."

비키 바스퀘즈 *Vicky Vasquez*

태평양상어연구소에서 상어를 연구하며
팟캐스트 라디오인 오션사이언스(Ocean
Science)의 공동 진행자로 활약 중이다.
빅키는 백상아리를 폭넓게 연구해 왔고
그녀가 속한 연구팀은 세계 최초로
마귀상어를 추적하는 데 성공했다.
새로운 종의 랜턴상어를 발견했을 때
그녀는 4명의 어린 조카들과 〈세븐티피즈(Seven
Teepees)〉라는 어린이 프로그램에 참여한
아이들에게 상어 이름을 생각해 보라고
제안했고, 결국 닌자랜턴상어로 정해졌다.

앨빈을 이용한 바닷속 탐험

사람은 해수면 아래로 불과 몇 미터만 내려가도 귀에 압력을 느낀다. 15미터 아래의 압력은
밀폐한 병을 깨뜨릴 수도 있고, 610미터 아래의 압력은 잠수함 대부분을 으스러뜨릴 것이다.
그에 비해 심해 잠수정은 과학자들이 해수면에서 몇 마일 아래로 내려가 깊은 바닷속 정보를
수집할 수 있도록 설계되었다.

1964년에 제작된 잠수정 앨빈(Alvin)은 5,000회 이상 잠수를 했으며 지금도 여전히 정상적으로 작동된다.
앨빈에는 지름 약 1.8미터의 구형 선실에 두 명의 과학자를 태우고 거의 4.8킬로미터 깊이까지 내려갈 수
있다. 앨빈에는 표본을 수집하고 각종 기구를 작동시킬 로봇 팔이 두 개 달려 있다.

과학자들은 심해 열수분출공 주변의 생태계에서
살아가는 생물 종을 비롯해 수백 종의 새로운
생물 종을 발견했다. 이들 생명체는 햇빛에너지
없이 살아가는 생명체를 보여 주는 최초의 사례다.
앨빈은 멕시코만 바닥에서 딥워터호라이즌
기름유출(Deepwater Horizon oil spill)사고*가
남긴 영향을 살펴보거나 1966년 지중해에서
유실된 수소폭탄을 찾아내는 데 이용되기도 했다.

---

* 2010년 4월 미국 멕시코만에서 석유 시추 시설이
폭발해 이후 5개월 동안 약 7억 7,000만 리터의
원유가 유출된 사건

반동 추진 엔진

ALVIN

전망탑

조명과 카메라

창문

로봇 팔

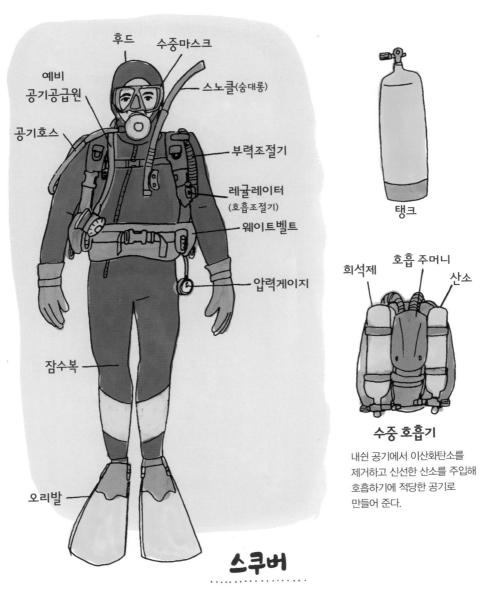

후드　수중마스크

예비
공기공급원

스노클(숨대롱)

공기호스

부력조절기

레귤레이터
(호흡조절기)

웨이트벨트

압력게이지

잠수복

오리발

탱크

희석제　호흡 주머니　산소

수중 호흡기

내쉰 공기에서 이산화탄소를
제거하고 신선한 산소를 주입해
호흡하기에 적당한 공기로
만들어 준다.

스쿠버

스쿠버(SCUBA)는 잠수용자가호흡장치(Self-Contained Underwater Breathing Apparatus)를 상징한다.
스쿠버 장비를 갖춘 잠수부는 산소 탱크 하나만으로 최대 1시간을 물속에 머물 수 있다. 잠수부는
수중마스크, 오리발, 웨이트벨트*, 구명조끼를 이용해 물고기처럼 해수면 아래로 헤엄쳐 다닐 수 있다.
레크리에이션 다이빙의 깊이 제한이 40미터이기 때문에 대개 스쿠버다이버는 비교적 얕은 바다에서
산호초나 난파선을 탐사한다.

---

* 잠수부가 원하는 깊이에서 머물 수 있도록 몸의 부력을 유지해 주는 납으로 된 벨트

해상 무역

항구는 배가 화물이나 승객을 싣고 내릴 수 있는 곳이다. 항구는 대개 거센 파도와
폭풍으로부터 안전한 만이나 강어귀에 자리를 잡는다.

수심이 깊은 항구에서는 엄청난 규모의 화물, 대형 운반선, 컨테이너선이 부두에 정박할 수
있다. 이런 항구는 흔치 않으며 배가 드나드는 통로를 유지하려면 바닥을 훑어 내는
준설 작업이 정기적으로 필요하다.

벌크화물*을 전문적으로 취급하는 항구가 있는가 하면, 컨테이너선 · 여객선 · 군함이
주로 드나드는 항구도 있다.

**세계에서 가장 바쁜 항구로 꼽히는 중국의 상하이는
해마다 약 4,000만 개의 컨테이너를 처리한다.**

엄청난 양의 화물과 컨테이너를 신속하게 싣고 내리려면 규모가 큰 상업항구에는
전문적인 크레인, 벌크화물 적재기, 지게차가 갖춰져 있어야 한다. 항구 주변에는 대개
창고, 주문 처리센터, 제련소처럼 화물과 원자재를 취급하는 기반시설이 자리를 잡는다.
오늘날 항구는 고속도로, 철도, 공항, 강과 긴밀히 연결된 물류센터 역할을 한다.

---

* 곡물이나 석탄, 철광석처럼 컨테이너에 담기 힘든 것들을 포장하지 않은 채 그대로 싣고 운송하는 화물

국제 신호기는 선박 사이의 교신을 위해 국제적으로 이용된다.

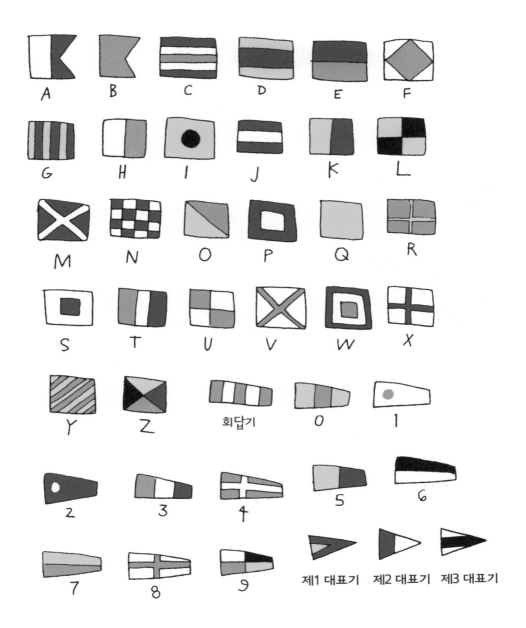

A B C D E F

G H I J K L

M N O P Q R

S T U V W X

Y Z 회답기 0 1

2 3 4 5 6

7 8 9 제1 대표기 제2 대표기 제3 대표기

화물선
. . . .

해상운송은 대륙 간에 대규모 물자를 수송하는 가장 효과적인 방법이다. 세계 무역의 약 **90%**는
바다를 누비며 물자와 원자재를 실어 나르는 **5만** 척 이상의 대형 운반선, 화물선, 컨테이너선에
의존한다. 해마다 **100**여 척에 이르는 배와 **1만** 개의 선적 컨테이너가 바다에서 유실되는데,
이는 환경에 알 수 없는 영향을 끼칠 것으로 보인다.

미니벌크선	최대 15,000톤
수프라막스	최대 50,000톤
울트라막스	최대 62,000톤
파나막스	최대 75,000톤
포스트파나막스	최대 98,000톤
케이프사이즈	최대 172,000톤
발레막스(초대형 광탄운반선)	최대 400,000톤*

---

*   규모에 따른 벌크선의 분류

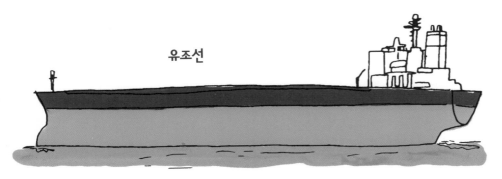

유조선

대형 운반선은 원유, 화학물질, 천연가스, 아스팔트를 운송한다. 유조선은 적재중량이
1만 톤부터 55만 톤 이상에 이르기까지 크기별로 다양하다.

가스운반선

가스운반선에는 수십만 세제곱미터의 액화천연가스나 액화석유가스를 적재할 수 있는
대형 여압탱크가 있다.

화학제품운반선

화학제품운반선은 선박과 화물을 보호하기 위해 특별 코팅 처리가 되어 있다.

태평양의 거대 쓰레기섬
(GPGP : Great Pacific Garbage Patch)

북태평양 해류는 환류로 불리는 어마어마한 규모의 소용돌이를 형성하며, 그 결과 바다 위를 떠다니던
플라스틱이 집중적으로 모인다. 전 세계 바다에는 5개의 거대한 플라스틱 오염 지대가 있다. 그중에서 가장 큰
쓰레기섬은 캘리포니아와 하와이 사이에 있는 대한민국 면적 16배 크기의 쓰레기섬이다.

쓰레기섬에는 2조 개에 가까운 플라스틱 조각이 모여 있고, 이들 플라스틱의 무게만 해도 대략 9만 톤에 이른다. 지구에 살아가는 모든 사람이 1인당 285개의 플라스틱을 배출한 셈이다.

쓰레기섬은 떠다니는 플라스틱으로 이루어진 고형의 섬이 아니다. 바다 상층부에 있는, 플라스틱 오염물질의 농도가 높은 영역을 의미하는 것이다. 플라스틱 일부는 해수면 아래로 떠다니고 일부는 아주 작은 미세플라스틱 조각이기 때문에 쓰레기섬의 상당 부분은 실제로 눈에 보이지도 않는다. 자외선, 염분, 파도에 의해 플라스틱은 점점 더 작은 조각으로 분해된다.

메가플라스틱	50센티미터 이상
매크로플라스틱	5~50센티미터
메소플라스틱	0.5~5센티미터
마이크로플라스틱	0.05~0.5센티미터
나노플라스틱	100나노미터 미만

태평양의 쓰레기섬에 떠다니는 플라스틱의 80% 이상에는
적어도 한 가지의 독소가 들어 있고 이는 해양 동물의 몸속에 그대로 쌓인다.

- 먹이 대신 플라스틱을 먹게 되면 많은 동물이 영양실조에 걸리거나 소화 기능, 생식 기능에 문제가 생긴다.

- 바다거북이 비닐봉지를 해파리로 착각해 먹는 일도 있다.

- 죽은 향유고래의 배에서 5.9킬로그램의 플라스틱이 나온 적도 있다.

- 섭새류 새끼의 90%와 레이산알바트로스 새끼의 97%는 위 속에 플라스틱이 들어 있다.

- 인간이 식량자원으로 잡은 물고기의 3분의 1은 뱃속에 플라스틱이 들어 있다. 플라스틱을 먹은 해산물을 밥상에 올리면 플라스틱의 독소가 인간의 먹이사슬로 들어온다.

- 버려진 플라스틱 어망에 걸려드는 일은 수많은 바다 동물 종에게는 심각한 문제다.

수치로 보는 기후 변화

97%
기후과학자들의 97%는 오늘날의 기후 온난화가
인간이 초래한 결과라고 주장한다.

1.6°F
지난 100년 동안 지구의 평균 기온은
섭씨 1도가량 상승했고, 그 대부분은
지난 35년 동안 상승했다.

약 **8INCHES**
지난 100년 동안 해수면은
약 20센티미터가량 상승했다.

앞으로 80년 후면 온난화로 북극의 빙하가 녹아
바닷물이 증가하고 해수면은 30~122센티미터
상승할 것으로 예측된다.
1-4FEET

앞으로 30년 후면 여름철 북극에서는 얼음을 볼 수 없을 것이다.

꿈을 갖고 실천하는 리더가 되자!

실천 방법 :

1. 해양과학이나 재생에너지를 공부한다.
2. 지역사회의 활동에 참여한다.

희망의 바다일보

전기 여객선 운항으로 인해 노르웨이에서는 2년 만에 탄소 발생이 95% 감소했다.

세계에서 두 번째로 큰 산호초인 '벨리즈 산호초보호지역'은 이를 보호하려는 정부의 조치가 취해진 이후로 멸종 위기 목록에서 제외됐다.

플라스틱 사용 금지 조치는 케냐와 인도처럼 국토 면적이 큰 나라부터 서아프리카 연안의 작은 섬나라 상투메프린시페에 이르기까지 앞으로도 계속되어야 한다.

캐나다는 어업법을 정비해
고갈된 어류의 개체 수
회복 방안을 요구하고
상어 지느러미의 수출입을
금지하도록 했다.

633명의 스쿠버다이버는
플로리다의 디어필드비
치 인근에서 약 737킬로
그램이 넘는 쓰레기를
수집해 기네스 세계신기
록을 수립했다.

인도네시아 정부는 다양한 산호와 해양
생물의 보금자리인 산호초 삼각지대 안에
세 곳의 보호구역을 새로이 지정했다.

추천도서

438 Days: An Extraordinary True Story of Survival at Sea, Jonathan Franklin

Bird Families of the World: A Guide to the Spectacular Diversity of Birds, David W. Winkler, Shawn M. Billerman, and Irby J. Lovette

Blue Mind: The Surprising Science That Shows How Being Near, In, On, or Under Water Can Make You Happier, Healthier, More Connected, and Better at What You Do, Wallace J. Nichols

Encyclopedia of Fishes, John R. Paxton and William N. Eschmeyer

Fishes: A Guide to Their Diversity, Philip A. Hastings, Harold Jack Walker, Jr., and Grantly R. Galland

Kon-Tiki, Thor Heyerdahl

The Log from the Sea of Cortez, John Steinbeck

Marine Biology (Botany, Zoology, Ecology and Evolution), Peter Castro and Michael Huber

Marine Biology for the Non-Biologist, Andrew Caine

Orca: How We Came to Know and Love the Ocean's Greatest Predator, Jason M. Colby

Polar Bears: The Natural History of a Threatened Species, Ian Stirling

Reef Madness: Charles Darwin, Alexander Agassiz, and the Meaning of Coral, David Dobbs

The Sea Around Us, Rachel Carson

Shackleton's Boat Journey, Frank A. Worsley

The Sibley Guide to Birds, David Allen Sibley

The Sixth Extinction: An Unnatural History, Elizabeth Kolbert

Voices in the Ocean: A Journey into the Wild and Haunting World of Dolphins, Susan Casey

Voyage of the Beagle, Charles Darwin

참고도서

Consultant: Dorota Szuta, former field biologist, Coastal Conservation and Research, Santa Cruz, CA; currently water biologist, Los Angeles Department of Water and Power

International Union for Conservation of Nature's Red List of Threatened Species (www.iucnredlist.org/)

National Oceanic and Atmospheric Administration (www.noaa.gov)

Allaby, Michael, ed. *A Dictionary of Earth Sciences*. 4th ed. Oxford University Press, 2013.

---. *A Dictionary of Ecology*. 4th ed. Oxford University Press, 2010.

Dobbs, David. *Reef Madness: Charles Darwin, Alexander Agassiz, and the Meaning of Coral*. Pantheon, 2005.

Ford, John. *Marine Mammals of British Columbia*. Vol. 6. Royal British Columbia Museum, 2014.

Gabriele, C. M., J. M. Straley, and R. J. Coleman. "Fastest Documented Migration of a North Pacific Humpback Whale." *Marine Mammal Science* 12, no. 3 (1996): 457-64.

HüNeke, Heiko, and Thierry Mulder, eds. "Deep-Sea Sediments." *Developments in Sedimentology* 63:1-849.

Mather, J. A., and M. J. Kuba. "The Cephalopod Specialties: Complex Nervous System, Learning and Cognition." *Canadian Journal of Zoology* 91, no. 6 (2013): 431-49.

Rothwell, R.G. "Deep Ocean Pelagic Oozes." *Encyclopedia of Geology*. Edited by Richard Selley, Leonard Morrison Cocks, and Ian Plimer. Vol. 5. Elsevier, 2005.

Ruppert, Edward E., Richard S. Fox, and Robert D. Barnes. *Invertebrate Zoology: A Functional Evolutionary Approach*. 7th ed. Cengage Learning, 2003.

감사의 말

　내게 편지를 보내와 〈해부도감〉 시리즈를 또다시 작업하도록 자극을
준 모든 아이들에게(물론 어른들에게도!) 다시 한번 감사의 인사를 전한다.
여기까지 오는 데 참으로 많은 시간이 걸렸다! 방대한 조사를 벌여 꼼꼼
하게 기록으로 남기고 흥미진진한 정보를 찾아낸 존 니크라즈에게도 고
마운 마음을 전한다. 편집자 리사 하일리와 아트 디렉터 알레시아 모리
슨, 채색을 도맡아 도와준 에론 하레에게도 많은 신세를 졌다. 작업하는
내내 우리는 기분 좋은 대화를 나누었다. 언제나 지원을 아끼지 않는 가
족과 친구 들에게도 감사 인사를 보낸다. 끝으로, 우리 모두의 바다와
거기서 살아가는 유일무이한 생명체를 보호하는 데 앞장서는 모든 이들
에게 감사의 마음을 전하고 싶다.

바다해부도감

1판 1쇄 발행 | 2021년 8월 20일
1판 3쇄 발행 | 2023년 3월 8일

지은이 | 줄리아 로스먼
옮긴이 | 이경아
감수자 | 김웅서

발행인 | 김기중
주간 | 신선영
편집 | 민성원, 백수연
마케팅 | 김신정, 김보미
경영지원 | 홍운선
펴낸곳 | 도서출판 더숲
주소 | 서울시 마포구 동교로 43-1 (04018)
전화 | 02-3141-8301~2
팩스 | 02-3141-8303
이메일 | info@theforestbook.co.kr
페이스북·인스타그램 | @theforestbook
출판신고 | 2009년 3월 30일 제2009-000062호

ISBN | 979-11-90357-70-8 (03450)